数学和数学家的故事

（第3册）

［美］李学数　编著

上海科学技术出版社

图书在版编目(CIP)数据

数学和数学家的故事. 第3册 / (美)李学数编著. —上海: 上海科学技术出版社, 2015.1(2022.8重印)

ISBN 978-7-5478-2322-4

Ⅰ.①数… Ⅱ.①李… Ⅲ.①数学—普及读物 Ⅳ.①01-49

中国版本图书馆CIP数据核字(2014)第155115号

策　　划: 包惠芳　田廷彦
责任编辑: 田廷彦
封面设计: 赵　军

数学和数学家的故事(第3册)
[美] 李学数　编著

上海世纪出版(集团)有限公司
上 海 科 学 技 术 出 版 社 出版、发行
(上海市闵行区号景路159弄A座9F-10F)
邮政编码 201101　www.sstp.cn
上海盛通时代印刷有限公司印刷
开本 700×1000　1/16　印张 13.75
字数 160千字
2015年1月第1版　2022年8月第12次印刷
ISBN 978-7-5478-2322-4/O·40
定价: 35.00元

序

李信明教授，笔名李学数，是一位数学家。他主攻图论，论文迭出，成绩斐然。同时，又以撰写华文数学家的故事而著称。

我结识信明先生，还是20世纪80年代的事。那时我和新加坡的李秉彝先生过往甚密。有一天他对我说："我有一个亲戚也是学数学的，也和你一样关注当代的数学家和数学故事。"于是我就和信明先生通信起来。我的书架上很快就有了香港广角镜出版社的《数学和数学家的故事》。1991年，我在加州大学伯克利的美国数学研究所访问，和他任教的圣何塞(San Jose)大学相距不远。我们曾相约在斯坦福大学见面，可是机缘不适，未能成功。我们真正握手见面，要到2008年的上海交通大学才实现。不过，尽管我们见面不多，却是长年联络、信息不断的文友。

说起信明教授的治学经历，颇有一点传奇色彩。他出生于新加坡，在马来西亚和新加坡两地度过中小学时光，高中进的是中文学校。在留学加拿大获得数学硕士学位后，去法国南巴黎大学从事了7年半研究工作。以后又在美国哥伦比亚大学攻取计算机硕士学位，1984年获得史蒂文斯理工大学的数学博士学位。长期在加州的圣何塞州立大学担任电子计算机系教授。这样，他谙熟英文、法文和中文，研究领域横跨数学和计算机科学，先后接受了欧洲大陆传统数学观和美国数学学派的洗礼，因而兼有古典数学和现代数学的观念和视野。

值得一提的是，信明先生在法国期间，曾受业于菲尔兹奖获得者、法国大数学家、数学奇人格罗滕迪克（A. Grothendieck）。众所周知，格罗滕迪克是一个激进的和平主义者，越战期间会在河内的森林里为当地的学者讲授范畴论。1970年，正值研究顶峰时彻底放弃了数学，1983年出人意料地谢绝了瑞典皇家科学院向他颁发的克拉福德（Crafoord）奖和25万美元的奖金。理由是他认为应该把这些钱花在年轻有为的数学家身上。格氏的这些思想和作为，多多少少也影响了信明先生。一个广受欧美数学训练的学者，心甘情愿地成为一名用中文写作数学故事的业余作家，需要一点超然的思想境界。

信明先生的文字，我以为属于“数学散文”一类。我所说的数学散文，是指以数学和数学家故事为背景，饱含人文精神的诸如小品、随笔、感言、论辩等的短篇文字。它有别于数学论文、历史考证、新闻报道和一般的数学科普文字，具有更强的人文性和文学性。事实上，打开信明先生的作品，一阵阵纯朴、真挚的文化气息扑面而来。其中有大量精心挑选的名言名句，展现出作者深邃的人生思考；有许多生动的故事细节，展现出美好的人文情怀；更有数学的科学精神，点亮人们的智慧火炬。这种融数学、文学、哲学于一体的文字形式，我心向往之。尽管“数学散文”目下尚不是一种公认的文体，但我期待在未来会逐渐地流行开来。

每读信明先生以李学数笔名发表的很多文章，常常折服于他的独特视角和中文表达能力。在某种意义上说，他是一位“世界公民"，学贯中西，能客观公正地以国际视野，向华人公众特别是青少年展现当今世界上不断发生着的数学故事。他致力于描绘国际共有的数学文明图景，传播人类理性文明的最高数学智慧。

步入晚年的信明先生，身体不是太好，警报屡传。尤其是视力下降，对写作影响颇大。看到他不断地将修改稿一篇篇地发来，总在为他的过度劳累而担忧。但是，本书的写作承载着一位华人学者的一片赤子之情。工作只会不断向前，已经没有后退的路了。现在，这些著作经过修改以后，简体字本终于要在大陆出版了，对于热爱数学的读者来说，这是一件很值得庆幸的事。

2013 年的夏天，上海酷热，最高气温破了 40℃的记录，每天孵空调度日。然而，电子邮箱里依然不断地接到他发来的各种美文，以及阅读他修改后的书稿(proof reading)。每当此时，心境便会平和下来，仿佛感受了一阵凉意。

以上是一些拉杂的感想，因作者之请，写下来权作为序。

张奠宙

于华东师范大学数学系

前言

《伊利亚特》第18章第125行有这样一句话："you should know the difference now that we are back."中国新文化运动的老将之一胡适这样翻译："如今我们回来了，你们请看，要换个样子了！"这句话很适合这套书的情况。

这书的许多文章是在20世纪70年代为香港的《广角镜》月刊写的科学普及文章，当时的出发点很简单：数学是许多学生厌恶害怕的学科。这门学科在一般人认为是深不可测。可是它就像德国数学家高斯所说的："数学是科学之后"，是科学技术的基础，一个国家如果要摆脱落后贫穷状态，一定要让科技先进，这就需要有许多人掌握好数学。

而另外一方面，当时我在欧洲生活，由于受的是西方教育，对于中国文化了解不深入、也不多，可以说是"数典忘祖"。当年我对数学史很有兴趣，参加法国巴黎数学史家塔东(Taton)的研讨会，听的是西方数学史的东西，而作为华裔子孙，却对中国古代祖先在数学上曾有辉煌贡献茫然无知，因此设法找李俨、钱宝琮、李约瑟、钱伟长写的有关中国古代数学家贡献的文章和书籍来看。

我想许多人特别是海外的华侨也像我一样,对于自己祖先曾有傲人的文化十分无知,因此是否可以把自己所知的东西,用通俗的文字、较有趣的形式,介绍给一般人,希望他们能知道一些较新的知识。

由于数学一般说非常的抽象和艰深,一般人是不容易了解,因此如果要做这方面的普及工作,会吃力不讨好。希望有人能把数学写得像童话一样好看,让所有的孩子都喜欢数学。

这些文章从 1970 年一直写到 1980 年,被汇集成《数学和数学家的故事》八册。其中离不开翟暖晖、陈松龄、李国强诸先生的鼓励和支持,真是不胜感激。首四册的出版年份分别为 1978、1979、1980、1984,之后相隔了一段颇长的日子,1995 年第五册印行,而第六及第七册都是在 1996 年出版,而第八册则成书于 1999 年。30 多年来,作品陪伴不少香港青少年的成长。

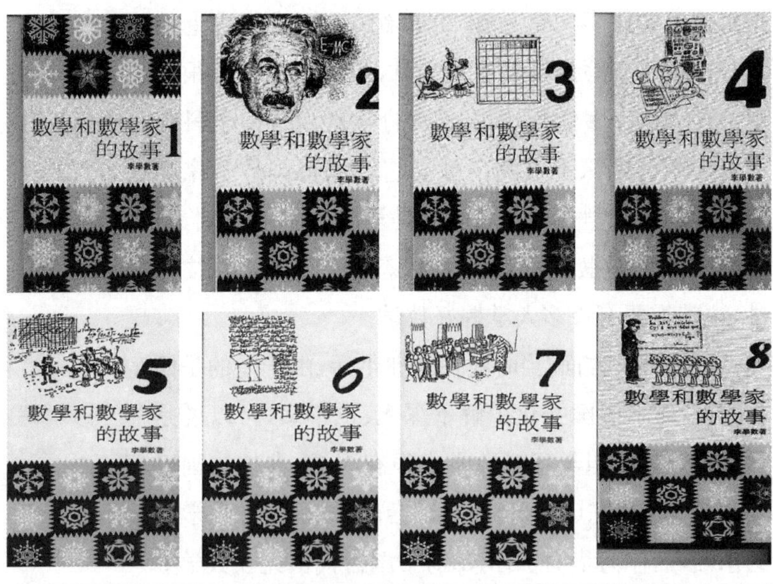

广角镜出版社的《数学和数学家的故事》

这书在香港、台湾及大陆内地得到许多人的喜爱。新华出版社在 1995 年把第一册到第七册汇集成四册，发行简体字版。

新华出版社的《数学和数学家的故事》

20 世纪 70 年代缅甸的一位数学老师看我介绍费马大定理，写一封长信谈论他对该问题的初等解法，很可惜他不知道这问题是不能用初等数学的工具来解决的。

80 年代，我在新加坡参加数学教育会议遇到来自中国黑龙江的一位教授，发现他拥有我的书，而远至内蒙古偏远的草原，数学老师的小图书馆也有我写的书。

90 年代，有一次到香港演讲，进入海关时，一个官员问我来香港做什么，我说："我给香港大学作一个演讲，也与出版社讨论出书计划。"他问我写什么书，我说："像《数学和数学家的故事》，让一般人了解数学。"他竟然说，他在中学时看过我写的书，然后不检查我的行李就让我通过。

一位在香港看过我的书的中学生，20 多年后仍与我保持联络，有一次写信告诉我，他的太太带儿子去图书馆看书，看到我书里提到这位读者的一些发现，很骄傲地对儿子讲，这书提到的人就是你的父亲，以及他的数学发现。这位读者希望我能够继续写下去，让他的孩子也可以在阅读我的书后喜欢数学。

前两年，我去马来西亚的马来亚大学演讲，一位念博士的年轻人拿了一本我的书，请我在泛黄的书上签名。他说他在念中学的时候买到这书，我没有想到，这书还有马来西亚的读者。

距今已700多年的英国哲学家罗杰·培根(Roger Bacon，1214—1294)说："数学是进入科学大门的钥匙，忽略数学，对所有的知识会造成伤害。因为一个对数学无知的人，对于这世界上的科学是不会明白的。"

黄武雄在《老师，我们去哪里》说："我相信数学教育的最终改进，须将数学当作人类文化的重要分支来看待，数学教育的实施，也因而在使学生深入这支文化的内涵。这是我基本的理论，也是促使我多年来从事数学教育的原始动力。"

本来我是计划写到40集，但后来由于生病，而且因为在美国教书的工作繁重，我没法子分心在科研教学之外写作，因此停笔近20年没有写这方面的文章。

华罗庚先生在来美访问时，曾对我说："在生活安定之后，学有所成，应该发挥你的特长，多写一些科普的文章，让更多中国人认识数学的重要性，早一点结束科盲的状况。虽然这是吃力不讨好的工作，比写科研论文还难，你还是考虑可以做的事。"

我是答应他的请求，特别是看到他写给我义父的诗：

三十年前归祖国，而今又来访美人，
十年浩劫待恢复，为学借鉴别燕京。
愿化飞絮被天下，岂甘垂貂温吾身，
一息尚存仍需学，寸知片识献人民。

我觉得愧疚，不能实现他的期望。

陈省身老前辈也关怀我的科普工作，曾提供许多早期他本身的历史及他交往的数学家的资料。后来他离开美国回天津定居，并建立了南开数学研究所。他曾写信给我，希望我在一个夏天能到那里安心地继续写《数学和数学家的故事》，可惜我由于健康原因不能成行。不久他就去世,我真后悔没在他仍在世时,能多接近他。

2007年我在佛罗里达州的波卡·拉顿市(Boca Raton)参加国际图论、组合、计算会议,普林斯顿大学的康威教授听我的演讲,并与姚如雄教授一起共进晚餐,他告诉我们他刚得中风,因为一直觉得自己是25岁,现在医生劝告少工作,他担心自己时间不多,可还有许多书没有来得及写。

我在2012年年中时两个星期内得了两次小中风,我现在可以体会康威的焦急心理,我想如果照医生的话,在一年之后会中风的机会超过40%,那么我能工作的时间不多,因此我更应抓紧时间工作。

看到2010年《中国青年报》9月29日的报道:到2010年全国公民具备基本科学素质(scientific literacy)的比例是3.27%,这是中国第八次公民科学素质调查的结果,调查对象是18岁到69岁的成年公民。

这数字意味着什么呢?每100个中国人,仅有3个具有基本科学素质,每1 000个中国人,仅有32个具备基本科学素质,每10 000个中国人仅有320个,每100 000个人仅有3 200个。你可估计中国人有多少懂科学?

在1992年中国才开始搞公民科学素质调查,当年的结果令人难过,具有基本科学素质的比例是0.9%,而日本在1991年却有3.27%。经过十年努力,到2003年,中国提升到1.98%,2007年提升到2.25%,2010年达到了3.27%。

我希望更多人能了解数学,了解数学家,知道数学家在科学上扮演的重要角色。我希望能普及这方面的知识,以后能提高我们整个民族的数学水平。在写完第八集《数学和数学家的故事》时我说:"希望我有时间和余力能完成第九集到第四十集的计划。"

由于教学过于繁重,身体受损,为了保命,把喜欢做的事耽搁了下来,等到无后顾之忧的时候,眼睛却处于半瞎状态,书写困难,因此把华先生的期许搁了下来,后来两只眼睛动了手术,恢复视觉，就想继续写我想写的东西。

这时候，记忆力却衰退，许多中文字都忘了，而且十多年没有写作，提笔如千斤，“下笔无神”，时常写得不甚满意，而我又是一个完美主义者，常常写到一半，就抛弃重新写，因此写作的工作进展缓慢。由于我把我的藏书大部分都捐献出去，有时候要查数据时却查不到，这时候才觉得没有好记忆力真是事倍功半，等过几天去图书馆查数据，往往忘记了要查些什么东西。

而且糟糕的是眼睛从白内障变成青光眼，白内障手术根治之后，却由于眼压高而成青光眼，医生嘱咐看书写字时间不能太长，免得加快眼盲速度，这也影响了写作的速度。

我现在是抱着“尽力而为”的心态，也不再求完美，尽力写能写的东西，希望做到华罗庚所说的“寸知片识献人民”，把旧文修改补充新资料，再加新篇章。

感谢陈松龄兄数十年关心《数学和数学家的故事》的写作和出版。我衷心感谢上海科学技术出版社包惠芳女士邀请我把《数学和数学家的故事》写下去，如果没有她辛勤地催促和责编的编辑工作，这一系列书不可能再出现在读者眼前。感谢许多好友在写作过程中给予无私的协助：郭世荣、郭宗武、梁崇惠、邵慰慈、邱守榕、陈泽华、温一慧、高鸿滨、黄武雄、洪万生、刘宜春和谢勇男几位教授以及钱永红先生等帮我打字校对及提供宝贵数据，也谢谢张可盈女士的细心检查，尽量减少错别字，提高了全书的质量。

希望这些文章能引起年轻人或下一代对数学的兴趣和喜爱，我这里公开我的邮箱：lixueshu18@sina.com，或 lixueshu18@163.com，欢迎读者反馈他们的意见及提供一些值得参考的资料，让我们为陈省身的遗愿“把中国建设成一个数学大国”做些点滴的贡献。

目录

1 郭老师的第一堂数学课

为了使学生不“读死书，死读书”，甚至严重到“读书死”，作为教师就不该只是“教书活”，而是应懂得“书教活，教活书”，我们要不断创造寻找新的生动的教学方法，使学生热爱学习，而我们将感到传播知识教育下一代的工作不是苦差而是一件乐事。

——郭晨星的日记

这次你在测验得零分，不要失望。你的数学根底不好，这些测验问题在你面前就像一座座困难的大山。可是我希望你能像在校园里长在乱石堆上的翠竹，它们生长的条件差，但是它们却有顽强坚忍不拔的精神，尽量把根伸进土堆石缝中扎实地生长，不怕风吹雨打。只要你肯努力学习，不怕困难，你会不断进步，今天你在测验得到零分，可是我相信在不久的将来你会得到满分的。

——郭老师写在一位吃“鸭蛋”的学生测验卷上的评语

上课铃响后不久，同学们还是继续讲话、吃零食，坐在后排的“侦探迷”抽出他所喜爱的《福尔摩斯侦探案全集》就在那里看。而两位同坐的“象棋迷”开始摆棋子，准备下棋。

这节是代数课，教这书的是胖胖的陈老师，他的确是像佛寺里的“弥勒佛”，从来不会发脾气，学生们都不怕他。这班的学生成绩是同级中最差，而学生们却是“四肢发达，头脑简单”，不仅不喜欢学习，而且也不把老师放在眼里，上陈老师的课时，学生或在下面看课外书，或者走象棋，或者画漫画。大部分学生是“无法无天”的“孙悟空”，陈老师变成无可奈何的“土地公”，他只是苦口婆心地说：“你们呀！要好好读书做人！数学课不学好，长大后是要吃亏的！……”从来不敢动这些“孙悟空”的一根毫毛。

奇怪！今天上课铃打响五分钟，从来不会迟到的陈老师却还没来教室。坐在靠门口的“米老鼠”伸出头望走廊，然后连忙把头缩回，向同学喊道：“校长来了！”

大家一听严校长来，吓得把零食、象棋、课外书等都往抽屉里塞，把笔记簿课本摆好，端端正正地坐着，本来像是集市那样喧闹的教室马上静得鸦雀无声。

“起立！行礼！坐下！”

跟着严校长进来的不是陈老师，而是一位年轻人。

“同学们！这是郭晨星老师。陈老师的母亲生病，他要回乡下照顾母亲请假一个月。刚好我们的校友郭晨星先生的大学放假一个月，他很乐意在这一个月代替陈老师的教职。郭老师是本校以前的高材生，几届的全校数学比赛冠军，现在在大学念物理，他的数学很好，我相信你们在他的教导下会进步得很快。郭老师，如果学生不听话，上完课后你来报告我！”

站在黑板前的郭老师身体显得瘦小，坐在后座的几位同学比他高大得多，可是他的眼睛却是炯炯有神，你在看它们时，你会觉得它们像会洞察你的想法，会了解你的问题。你和他谈话，看着那亲切的脸孔,你会很快就忘记他的瘦小,你会慢慢觉得郭老师全身在辐射热量。可惜他说话有些口吃。

"同同学们,你……你们好! 我我很高高兴能回到母校。我我会在这个月教教你们一些学数学的方法,你们们……听严校长说……是不喜欢数学课,害怕数学。我对严校长说,我是一个魔术师,我有一根神棒,我保证在一个月离开后使怕数学的同学不怕数学,成绩差的同学会赶上去。我想知道你们有哪些怕数学,请举手!"

全班大部分举手,只有两位同学没有举手。

"这位同学叫什么名字? 你是不怕数学吗?"

"我叫赵小冬。"坐在小赵旁边的同学替他讲一句:"也叫侦探迷。"全班的同学都哄堂大笑,赵小冬对旁边的那位多嘴的同学白了一眼,然后说:"我是不怕数学,可是却讨厌那种死板板的数学,套套公式,答案就出来,完全不曲折离奇,学了很是没有趣味。"

"好,请你坐下。"郭老师微笑地对小冬点点头,然后对另外一位没有举手的同学说:"你呢?"

"我叫王耀西,我的外号是'棋王',我是不怕数学,可是就是不喜欢,我可以连下六盘棋头不会痛,可是做完数学作业后,我的头就会大起来。"

"很好,我很感谢你们能能够坦白地讲讲你们的看看法。我今天不想开始教书,想和你们聊聊一下。我想你们许多人对数学的看法是不太正确。不过这也难怪。"

有趣的数字谜题

"我想谈谈赵小冬同学的第一个问题:数学是不是死板板,套套公式答案就出来了? 我这里有一个数学游戏,这里包含一个数学难题,是由原籍波兰的著名美国数学家乌拉姆教授提出的,这问题小学生都会明白,可是到现在一些大数学家还不明白为什么会这样,找不到一个合理的解释。

好,你们在纸上写下随便想到的一个正自然数,如果这数是偶数,你就除以 2,把这商写下,用一个箭头把最初想的数和这个商连起来,比方说你想到的是 6,那么你就写 6→3。如果这数是奇数,你就用 3 乘这个数然后加上 1。你们对新的数继续用以上的方法进行运算,看看最后箭头会不会指向 1。

比方说我用最初的 6,我们验算得到下面一串的数:

6→3→10→5→16→8→4→2→1

我们再试 20,

20→10→5→16→8→4→2→1

试 7,

7→22→11→34→17→52→26→13→40→20

现在我们来到刚才算的 20,因此我们知道由 7 开始可以一直指到 1。

你们多拿几个数试试看,你们会发觉有时箭头指的数越来越大,可是又会下降,上升下降,下降上升,最后会指到 1,这是很奇怪的现象。你看这是不是有些离奇曲折,是不是有什么公式套一下就可以证明这现象呢?到目前为止没有人知道,但是许多人试过许多数都发现总是如此。因此许多人认为乌拉姆的猜想‘任何大于零的整数,用以上的方法射出去,最后一定会达到 1’是对的。

俗语说‘百川归大海’,乌拉姆猜想是从所有的大于零的整数出发,最后会流向 1 这个数,这是一个难题,或许你们回去试试就会发现这是个很有趣的问题。”

同学们拿几个较小的数来算,果然发现这些数最后都走向 1,大家都啧啧称奇。

“同同学……们,数学是很重要的一门学科,它它能锻炼我们的头脑,我看看看你们的身体都长得很健壮,心里是很高兴,但但但是你们不喜欢数学,不不愿意做习题,这就失去了锻炼我们头脑的机会。

这位同学,请你告诉我如果有人不许你打球,不许你跑步,不许你跳跃,要你躺在床上不动四天,你会觉得怎么样?”郭老师问班上绰号为“大只牛”的同学。

“那我将全身没劲,关节会像长锈一样。”

“对对了!数学使人们的头脑做运动,头脑久不运动也会生锈。如果你想变聪明,有灵活的脑袋,不必吃什么补脑丸和补脑汁,只要常常思考数学问题,头脑就会变得聪明。”同学们听郭老师这么说都哄堂大笑。

斯通医生死于何人之手

“你们知不知道英国侦探福尔摩斯?”

“哈!这是我最崇拜的英雄!”赵小冬说。

“是的,我我也很喜欢福尔摩斯,我看了许多他的侦探案件,我现在想告诉你一宗案件是华生医生没有记录的。”大家都集中精神听,想知道这是什么案件。

“对了,华生医生是福尔摩斯的老朋友,他把福尔摩斯所破的一些案件记录下来,可是却有这样一宗案件他没记录,主要的原因是受害人是他的好朋友斯通医生。

斯通医生是伦敦的一位神经病科专家,他除了白天在政府医院工作外,每个星期一、三、五下午在自己的家中接诊一些私人病人。

他一直独身,生活过得很简单,他把自己的收入大部分捐给慈善机构,平时有一个老女管家替他准备晚餐,她在每个星期五下午准备了给斯通医生的晚餐后就离开斯通的家到南部的乡下和儿孙团聚，一直到星期一中午才回来。

今天是星期一，女管家回到斯通医生的家，发现大门没关闭，而斯通医生整个身体倒在书房的门前。她走近一看，发现斯通医生已被人刺杀。老女管家吓得昏倒，等一醒来连忙打电话给警察局。

警察局局长和请来检查的医生认为斯通医生是在上星期五被人刺死，杀他的人还翻箱倒柜想找一些值钱的东西，看来杀他的人不了解斯通医生的情况，还以为他很富有。

局长从书桌的工作记录上了解到星期五下午斯通医生要看四位病人，这四位病人我们就用 A，B，C，D 四个字母来代表。局长很快把四个人请去问话，结果发现这四个人都患有‘说谎症’，没有一个讲老实话。

局长把这四个人讲话的要点记录下来。我现在抄在黑板上：

A 说：(1) 我们没有一个人杀斯通医生，我去时刚好 D 先生出来。

(2) 当我离开时斯通医生还活着。

B 说：(1) 我是第二个进去看他。

(2) 我见到他时他已死去，我吓得赶快走掉。

C 说：(1) 我是第三个见到他。

(2) 当我离开时他还活着。

D 说：(1) 我是最后一个见斯通医生。

(2) 我离开时他还对我说‘下星期见’。

警察局长看了这些口供之后，搞到头昏脑涨，他知道这四个人当中有一个是真正的凶手，但是却不知道是谁。后来华生医生和福尔摩斯来了，福尔摩斯见了这些口供，稍微推敲一下，就破了案。

你们可以试试破这案件，我给你们 20 分钟考虑，看看你们当中谁是‘小福尔摩斯’？”

大家都很兴奋,每个人想找出谁是凶手,可是却不知道怎么样去考虑。

“郭老师,福尔摩斯真的破了这案吗?”

“是的,他只用五分钟的时间就破了案。我给你们 20 分钟考虑看是否能找到解这案件的窍门。”

过了 20 分钟,郭老师问同学:“有谁破了这宗案,找到了凶手?”“这问题实在复杂,我们不知谁是凶手。”许多同学这样表示。“赵小冬同学,你谈谈你是怎样考虑这问题。”

赵小冬涨红脸,颊上冒汗,他用手擦掉鼻尖上沁出的汗珠,摇摇头说:“我还没想出来,我只是想,既然 A,B,C,D 都在讲假话,因此他们每个人的话的反面就是正确,因此我知道:

(A1) 其中有一人杀斯通医生,而且 A 之前不会是 D 先生见斯通医生。

(A2) A 离开时斯通医生已死亡。

(B1) B 不是第二个见医生。

(B2) B 离开斯通医生时,他还活着。

(C1) C 不是第三个见医生。

(C2) C 离开时医生已死去。

(D1) D 不是最后一个见医生。

(D2) D 离开医生时,他已死去。

可是我却想不出怎样从这里找到凶手。”

“非常好! 你这样考虑是正确的。快快要下课了,就让我解释福尔摩斯的考虑方法。

福尔摩斯先想,如果照先后来见医生这四人有多少种可能的排法? 这很容易算出,第一个见医生可以是 A,B,C,D 的任何一人,因此有四种可能。第二个只能有三种情形,比方说 B 是第一个,第二个就不可能是 B 了,第二个如果是 A,那么第三个就不会有 A,B 两人。

因此所有可能出现的排法是 4×3×2×1=24 种。

福尔摩斯就把这 24 种可能的情形编号列下：

(1) ABCD	(7) BACD	(13) CABD	(19) DABC
(2) ABDC	(8) BADC	(14) CADB	(20) DACB
(3) ACBD	(9) BCAD	(15) CBAD	(21) DBAC
(4) ACDB	(10) BCDA	(16) CBDA	(22) DBCA
(5) ADBC	(11) BDAC	(17) CDAB	(23) DCAB
(6) ADCB	(12) BDCA	(18) CDBA	(24) DCBA

由(B1)他知道 B 不是在第二位置，于是就删掉(1)，(2)，(15)，(16)，(21)，(22)。

同样由(C1)和(D1)，他删掉了(3)，(6)，(7)，(9)，(12)，(13)，(20)。

由(B2)我们知道 B 离开斯通医生时医生还活着，因此和(C2)，(D2)一起考虑，我们知道 B 必须在 C、D 之前，于是删掉(4)，(5)，(14)，(17)，(18)，(19)，(23)，(24)。

现在摆在福尔摩斯面前的只有三种情形：

(8)BADC，(10)BCDA 和(11)BDAC。现在由(A1)我们知道 D 不会在 A 的前面，而(10)和(11)恰好是这样的情形，因此我们删掉。

最后只剩下(8)BADC。

由(B2)我们知道 B 先生离开斯通医生时他还活着，而 A 离开时斯通医生已死亡，这就意味着 A 是杀人的凶手。”

“你们看福尔摩斯就这样找到凶手。”一些同学高兴得鼓起掌来。郭老师摇摇手制止同学鼓掌：“嘘！不好鼓掌，声音传到隔壁会影响其他同学上课。你们觉得福尔摩斯是不是很聪明？”

大家齐口同声地说：“是的。”

郭老师这时笑着说：“让我告诉你们，福尔摩斯考虑这问题时是用到一个法宝。这法宝是什么呢？那就是逻辑思维，数学就是训练我们逻辑思维的能力，特别是平面几何这门课是训练我们头脑的最好学科。只要你们按部就班地学习，去考虑问题，你们会进步很快，数学并不可怕。我希望从今天开始你们会喜欢数学。”

这时下课铃敲了，郭老师结束他的别开生面的第一堂课。

动脑筋　想想看

1. 大宝和小宝两兄弟收集了256个橡皮圈。大宝的橡皮圈比小宝多，他拿出一些橡皮圈给弟弟，其数目和小宝原来拥有的橡皮圈数相同。

给了弟弟之后，大宝的橡皮圈数比弟弟还少。弟弟这时拿出一些橡皮圈给哥哥，其数目与哥哥手中所剩的橡皮圈相同。这样变成哥哥拥有的数目比弟弟还多，于是哥哥拿出与弟弟这时手中所剩数目相同的橡皮圈给弟弟。

哥哥和弟弟之间的互相给予可以用下面的图表示：

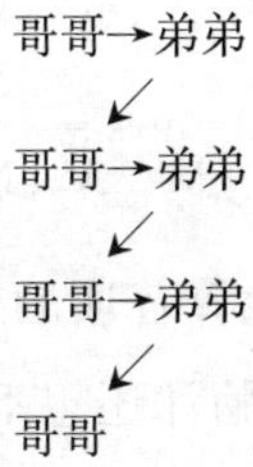

如果弟弟在第三次给哥哥后自己变成全部没有，你可知道大宝和小宝原来有多少橡皮圈？

2. 如果你能解决以上的问题，试试考虑更一般的情况，比方说：(a) 如果弟弟第四次给哥哥后自己什么也没有剩，那么这个问题是否有解？

(b) 如果弟弟第五次给哥哥后自己什么也没剩，问题是否有解?如此研究下去,你会发现一些数学定理。

3. 今年是2014年,试试以这数来检验乌拉姆猜想。

拿小于100的所有素数为起点,然后检验乌拉姆猜想,研究那一串串的数,可能其中会有一些有趣的现象可以引导你发现一些素数的美妙性质。

4. 从前有一个古怪的老教授,总喜欢拿数学问题考验人。他有一个佣人想要结婚,可是钱不够,于是向这位老教授要求预支一个月的薪水。

老教授对这佣人说:"我不想预支钱给你。"

这佣人一听心就沉了下去。

"我很喜欢你的勤奋工作,我想送你一笔钱作为结婚礼物。"这佣人一听心里就乐开了花。

"可是却有一个条件,你如果能解答下面的算题,得到准确的答案,我就给你和那答案一样多数目的钱。如果你解答不出,或算错了,那么你就什么也得不到。"

佣人接过老教授给他的纸条,一看是:

$$\begin{array}{r} A\ S \\ \times\quad A \\ \hline M\ A\ N \end{array}$$

他最初还以为只是要他算普通的乘法,现在却是用字母代表数字的"无字天书",他绞尽脑汁还想不出来。读者们都有菩萨心肠,为了成人之美,请帮他一点忙好吗?

5. 这里有一张奇怪的算题:

$$\begin{array}{r|l} AA & ABCD \\ \hline B & ACD \\ \hline & \quad 20 \end{array}$$

是从华生医生收集的福尔摩斯侦探档案里拿出来的,这是福尔摩斯曾经考虑过的问题。你能不能根据以上的算式推出 A,B,C,D 是什么数字?

6. 有一次福尔摩斯在伦敦东区发现一个被人害死的水手,他手上有一张纸条,纸条上写着:

```
   8
   3
   9
 ----
  20        以及 49538-0538
```

刚好我在伦敦,福尔摩斯来找我商量,他说:“8+3+9=20 一定是代表一些字母,而后面的一串数字,很可能是一个字或是一个口令,要怎样解呢?”

我想到把 8 写成 EIGHT,3 写成 THREE,9 写成 NINE,20 写成 TWENTY,由下面式子:

```
  EIGHT
  THREE
   NINE
 ------
 TWENTY
```

我发现了这些字母和数字的关系,从而破解 49538-0538 的秘密。你知道我是怎样解决这问题的吗?

2 郭老师谈等比级数

孔子讲："朽木不可雕"，其实这是悲观论调。在我看来，后进学生并不是"朽木"，他们都是还未经琢磨、内有美玉的顽石，我们做老师的就像艺术家要独具慧眼，从平淡无奇的表面看到深藏在内的美丽瑰宝，根据他们的特性耐心地雕刻，我们要化腐朽为神奇，人才就会这样脱颖而出了。

——郭晨星的日记

今天下午，我在办公室批改学生的作业时，张老师走来拍拍我的肩膀："郭老师，做人不必这样拼命。看你这样细心地改作业，不懂得休息。你只不过是临时教员，你这样卖命，我们正式教员看了吃饭也不安心。"

我听了只是笑笑不回答，其实我的心情却很沉重。学生们的功课重学习程度差，本来当老师的应该花更多精力减轻孩子们的负担，想办法教好他们，应认真批阅作业。可是现在却有这样的教师，捧了金饭碗，教完书就呼朋聚众搓麻将、钻马经，有一点时间就读 kill time 的低级趣味的读物，学生的作业不改，只是签个“阅”，或叫其他高班学生来代改。测验或考试后就聚在一起骂学生：“现在的学生真是一代不如一代，教这些猪一样笨的人是浪费心血。”

我有时真想疾呼：学生不是笨，老师！是你们没有真正付出心血，老师有责任把他们教好。我怀念教过我的唐老师，从前教书的待遇很低，但她立足岗位，负起责任，耐心地把我们这一些成绩差的学生教好，我现在也应该像她那样尽快把学生的程度提高。“滴水之恩，涌泉相报”，我要发扬她的优良作风，尽责任把下一代教好。

——郭晨星的日记

自从郭老师来教数学之后，班上的同学对数学的兴趣显然增加了许多，上课也专心，少有捣蛋的事发生了。

郭老师没有教师的架子，就像一个大哥哥在帮助弟弟妹妹们学习。他鼓励同学发问，并且开玩笑地说：“你们能问倒我最好！”他要学生动脑筋，多想问题，不要做思想的懒汉，不要依靠人家，不要抄习题——不要有不劳而获的思想。

他改习题很认真，学生作业上的错别字他改，句法不对他也改，好像他是中文老师在改作文。“大只牛”抄小陶的习题，谁知道郭老师改完作业后，就叫“大只牛”去谈，问他为什么习题不自己做而抄别人的作业，郭老师竟然能看出谁在抄谁的作业！他耐心地把“大只牛”不懂的东西从头解释，最后还鼓励他：“庆……庆元，你并不是一个笨笨孩子，你看我解释后你就能明白。你只是缺乏一点自信，以及有一点贪玩和怕困难。你……你应该尽自己的能力去做这些习题，能做做多少就就做多少，好吗？以后不要再抄抄同……同学的作业，有困难时可以问同学或者来来找我。”

平日“天不怕地不怕、教师看了都怕”的“大只牛”，竟然流着眼泪离开郭老师。以后他是有些转变,上课专心听并细心记笔记,不再调皮捣蛋和抄人家的作业了。

大家喜欢郭老师,他讲书就像在讲故事,有时还说些笑话,整个课堂很活跃,数学变成不是枯燥的一门功课。同学们觉得可惜郭老师讲话口吃,不然的话,他可以讲更多的东西。以前天热时同学上课容易打瞌睡,但没有人在上郭老师的课时打瞌睡。今天就让我们也来上郭老师的课,看看他是怎样教书,我们或许可以学到一些东西。

愚公移不动的山

上课铃一响,郭老师很快就走进教室。他先在黑板上写几个字:“愚公移不动的山和等比级数”。

然后他转过身来微笑地对同学说:“同同……学们,我今天要讲等比级数。我们上两节讲过等差级数及它们的一些性质,现在我们看下面的数列:

$a_1, a_2, a_3, a_4, a_5, \cdots, a_n, a_{n+1}, \cdots$

我们学过,如果这些数列后面一项减去前面一项的差固定不变,那么我们说这些数列是等差数列,它们前 n 项的和,用小高斯发现的方法来算是有……赵小冬答!什么样的公式?”

“如果用 S_n 表示前 n 项的和,公式是 $S_n=\dfrac{n\times(a_1+a_n)}{2}$。”赵小冬很快地回答。

“对!请请坐下,谢谢你。现现在考虑如果数列不是后项减前项,而是后后项除除前项的值是固定不变,那么我们说这数列是等比数列。

同同学们,你们小学时读过愚公移山的故事,可是你们或许没有听过智叟第二次找愚公理论的故事吧！

智叟那一天听了愚公讲他的子子孙孙总能把挡在门前的大山挖走，只要这些子孙们每天都在不断地挖山搬泥，山不会长高，最后就会消失了。智叟听了之后骑驴子回去，可是心中又有些不服，他总认为人要听天由命。

于是为了忘记这不痛快的事，他拿起庄子的书来读。庄子是2 000多年前的一个哲学家和文学家，他的文章写得很好，自古至今许多人都爱读他的书。智叟一翻《庄子》，就翻到《天下第三十三篇》，看到了这样的句子：'一尺之棰，日取其半，万世不竭。'

智叟摇摇头说：'一根一尺长的赶马棒，我每一天拿掉一半，几万年都拿不完。奇怪！为什么庄周先生会说几万年拿不完呢？'智叟于是在房里踱方步，一面比手画脚。'我今天拿掉一半，还剩一半。明天拿掉一半的一半就是原来一尺的1/4，后天拿掉剩下的一半的一半就是原长的1/8，我这样拿，每天还有一小半存下没拿完。对了！不管多少万年我都拿不完！这真是奇妙的想法。'

'对了！我可拿这个来驳倒愚老大哥了。'于是智叟兴冲冲地赶着驴子再去看愚公。

一见愚公，智叟就说：'愚老大哥，您不必挖山，这山是您子孙万代都移不走的。'

'为什么呢？智大叔你凭的是什么理由？'愚公的长子问智叟。

智叟扬一扬手上的《庄子》一书：'这书上是这么说的。'大家停下工作围拢听智叟讲那一尺棒子的事。讲完后智叟得意地说：'你看。如果你们今天能挖掉这山的一半，第二天又挖掉这山剩下的一半，每一天是挖掉前一天剩下的一半，你们子孙万代是搬不走这山的。'

大家听了都发愣，怎么有这样古怪的道理？这时愚公的十岁

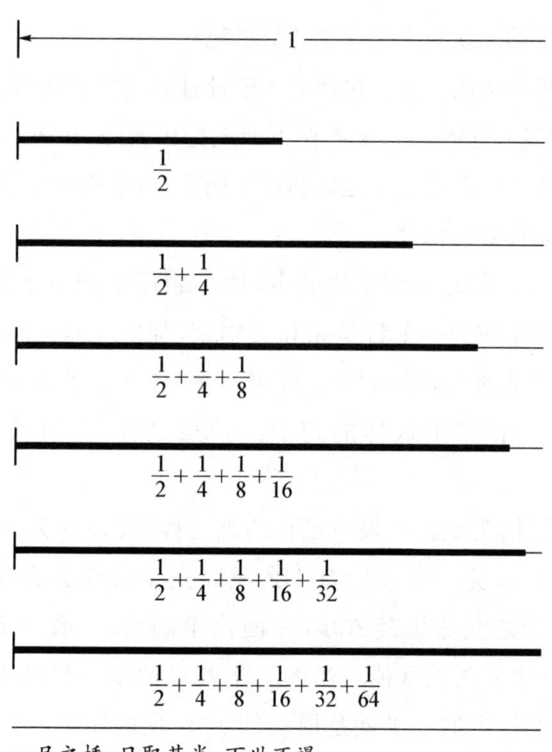

一尺之棰,日取其半,万世不竭

大的孙子‘小淘气’就说:‘智大爷,你说得不对,山最后是会搬走的。你看山是一天比一天小,到了我的孙子的孙子的时候,前面的大山可能只剩下一块鹅卵石那么大,那时我的孙子的孙子不必挖山,他只喊一声:我来啰!然后一脚就把这山踩平。’

大家听了都哈哈大笑,愚公把锄头给智叟,并且拍拍他的肩膀说:‘我说老弟呀!不要再食古不化了。来来来!帮我一起挖挖土,劳动劳动一下,对你的身体可好!’”

庄子是有道理的

郭老师这时就在黑板上写了这样的式子:

$$S_\infty = \frac{1}{2} + \frac{1}{2^2} + \frac{1}{2^3} + \frac{1}{2^4} + \cdots$$

$$\frac{1}{2}S_\infty = \frac{1}{2^2} + \frac{1}{2^3} + \frac{1}{2^4} + \cdots$$

然后他解释："如果我们用《庄子》书中的分割法把一尺长的棒子一直细分下去，一直到无穷远的年代，然后用 S_∞ 表示这些棒子的总和。如果我用 1/2 乘 S_∞，然后从 S_∞ 减掉这数，我们得到：

$$\left(1-\frac{1}{2}\right)S_\infty = \frac{1}{2}S_\infty = \frac{1}{2}$$

因此 $S_\infty = 1$，这也就是说只有在无穷远的年代之后我们才能得到 1 尺的长度，如果是有限的年代就不足 1 尺了。

我们现在看一个具体的等比数列：1，3，9，27，81，243。这数列的第一项是 1，公比是什么呢？韩倩华，你说说看。"

"是 3。"倩华略为思考就给出正确的答案。

"好！我们现在用 S_6 表示这 6 个数字的和，写成下面的样子：

$$S_6 = 1 + 3 + 9 + 27 + 81 + 243 \tag{1}$$

如果你要算前四项的和，你就用 S_4 来表示，要算这个，你可以一项一项地加，可是如果这等比数列很大，比方说有 1 000 项，那你可要加到半死，而且还容易出错。我们能不能学习高斯那样，先观察，然后动动脑筋，想出一个更好的方法呢？"

王耀西马上举手说："我找到一个窍门。如果我在(1)式乘上数列的公比我就得……"

"耀西，你就来黑板上写，让大家可以看看你的方法。"耀西走到黑板前写下下面的式子：

$$\begin{array}{rl} 3S_6 = & \quad\;\; 3+9+27+81+243+729 \\ - \quad S_6 = & 1+3+9+27+81+243 \\ \hline 2S_6 = & -1 \qquad\qquad\qquad\qquad\qquad +729=728 \end{array} \tag{2}$$

$$\therefore S_6 = 364$$

"很好！耀西的方法很好，我们可以由这个特殊的例子进一步推广到一般的等比级数，你们现在看，如果我的数列是 a_1，a_2，a_3，…，a_n，这数列是等比数列，假定它的公比是 r，第二项 a_2 就要是 a_1r，第三项 a_3 就要是 $a_2r=a_1r^2$，第四项是 $a_3r=a_1r^3$，一般来说第 n 项 a_n 是等于 a_1r^{n-1}。我用 S_n 来表示这 n 项的和，写成式子：

$$S_n = a_1 + a_1r + a_1r^2 + \cdots + a_1r^{n-1} \tag{3}$$

然后我们像刚才耀西同学那样用公比 r 乘(3)式得：

$$rS_n = a_1r + a_1r^2 + \cdots + a_1r^{n-1} + a_1r^n \tag{4}$$

我们用(3)减(4)得：

$$\begin{aligned}(1-r)S_n &= a_1 + 0 + \cdots + 0 + 0 - a_1r^n \\ &= a_1(1-r^n)\end{aligned}$$

所以
$$S_n = \frac{a_1(1-r^n)}{1-r} \tag{5}$$

李素萍同学，你有什么问题?"

"郭老师！你的方法和耀西的不大相同。"

"哦！如如果我用(4)减(3)我得到：

$$(r-1)S_n = a_1r^n - a_1 = a_1(r^n-1)$$

$$S_n = \frac{a_1(r^n-1)}{r-1} \tag{6}$$

式子(5)和(6)是一样，只不过表示不同，现在这个(6)式是公

比 r 大于 1 时的写法,而刚才算的是公比 r 小于 1 的情况。

如果 r 是一个小于 1 的值,我们可以见到 r 的 n 次幂的值是越来越小。比方说拿《庄子》书中的问题来说,等比级数的公比 $r=1/2=0.5$,我们算一算就知道:

$$r^2=0.25,\ r^3=0.125,\ r^4=0.063,$$

$$r^5=0.031,\ r^6=0.016,\ r^7=0.008,$$

$$r^8=0.004,\ r^9=0.002$$

可以这么说,当 n 是很大的数时,r^n 就变成一个非常小、小到接近于零的数,所以当 n 是比我们所能想象的数都大时,我们说 n 接近无穷大,用符号∞表示。这时 r^n 就差不多等于 0。因此在式(5)中,我们可以不考虑 r^n 这一项,我们就有无穷等比级数的和的公式:

$$S_{\infty}=\frac{a_1}{1-r} \tag{7}$$

我们现在拿那'一尺棒的问题'来看:$a_1=1/2$,公比是 1/2,因此代入(7)式就有 $S_{\infty}=1$。

在 100 年前,英国的考古学家和地理学家在现在伊拉克的地方发现古代巴比伦人的泥板书,从书里面发现在 4 000 年前巴比伦人就有研究等比级数。而在古代埃及的纸草书里也有等比级数的问题。《庄子》这书记载了在 2 000 年前中国人也注意到了等比级数的记录,这是相当珍贵的数据。我想我们应该好好地学习前人留下的文化遗产。”

“连锁信”及西洋棋发明者的酬报

这时郭老师把一卷他带进教室的图画打开,取出了一张,贴在

黑板的左边。大家见到是一些信封的图,郭老师用手指这些信封说:

“同学们!你们看这里的图和最近在你们当中有人玩的一种‘连锁信’的玩意儿有关。

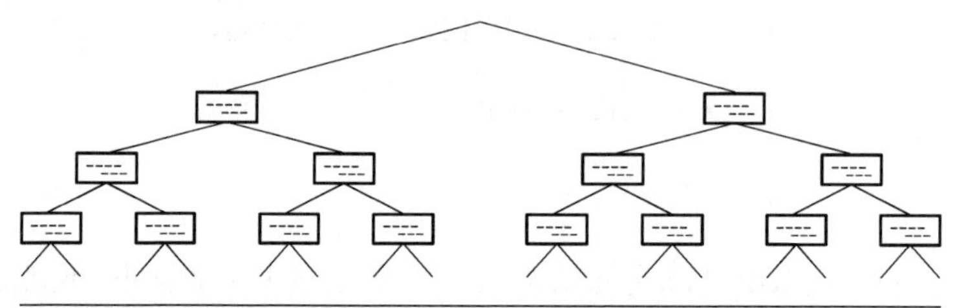

迅速增大的“连锁信”

这玩意儿是西方一些无聊的人搞的:第一个人发一封信给他的几个朋友,信上写了一些话,要收信的人照原信的内容重抄同样的几份,然后分别寄给另外的几个朋友,信中说如果收信人照办就会得到幸福,不这样做而使信到他这里就中断,他就会遇到灾难等等,真是些无聊迷信的东西。

去年,有些青少年要赶时髦,也来搞这玩意儿。我们现在就来研究一下并且证明这是一种劳民伤财的玩意儿。我现在把问题变得很简单,每一个人每一次发两封信给其他两个还没收过这样信的人。我假定早上这个人寄出信,下午收信人收到信,第二天早上昨天的收信人发出信给另外的人,而另外的人在过一天早上继续发信。这样一直下去。”

“假定10亿的中国人都玩这玩意儿——包括不会读信的老大爷老大妈以及正在吃奶的小娃娃,这些人收到信后就让别人代写代寄,你们猜一猜这玩意儿要多久才停止?我们假定在这玩意儿进行时中国的人口一直保留10亿不变,不增也不减少。你们大家可以猜一猜。”

整个教室沸腾开来,大家七嘴八舌地说:“50年”,“100年”,

“70 年”，甚至有一位同学还说：“1 000 年！”许多同学都认为最少要 100 年的时间。郭老师一面把大家报的年数写在黑板上，一面哈哈大笑，好像这是很滑稽好笑的事。

郭老师最后说：“你们看这挂图，第 1 天有 2 封信发出，第 2 天有 4 封信发出，第 3 天有 8 封信发出，一般说第 n 天就有 2^n 封信发出。因此到第 n 天为止，总共发出的信的数目为：

$$
\begin{aligned}
&2+2^2+2^3+\cdots+2^n \\
&=2\times(1+2+2^2+\cdots+2^{n-1}) \\
&=2\times\frac{2^n-1}{2-1}=2^{n+1}-2
\end{aligned}
$$

因此我们要知道什么时候这玩意儿停止，我们就需知道 2 的什么幂次方最靠近 10 亿这个数字。好！我们可以通过查表得到：

$$2^{30}=1,073,741,824$$

所以 $n+1=30$，$n=29$，这就是说差不多一个月后整个中国的人民都收到这样的‘连锁信’，如果每封信要贴 8 分钱的邮票，在这一个月内就要浪费 8 亿元在这无聊的玩意儿上，然后再想一想用这 8 亿元可以买多少架拖拉机，可以买多少本书……我希望你们以后如收到这类的信件，就不理睬它，不要继续玩下去，也不要发动玩这东西，做一点较有意义的事，不要相信那信中所说的不照办就有厄运来临，这都是骗人的话。一个人生活的不幸和幸运要靠这样抄寄信来决定，那是太荒唐了。”

同学们听了之后都睁大眼睛，没有想到这样的一个游戏用等比级数来分析一下就看出这严重性。

“你们有几位同学很喜欢玩中国象棋，这个游戏是很有意义，能训练你们动脑筋想策略，以及学会怎样看问题看得长远一点。西洋人玩的是另外一种象棋，我们称之为国际象棋。有人说这种象棋是印度人发明，又有人说是波斯人发明。可是不管是印度人也好、波斯人也好，发明这个象棋的人是很聪明的人。”

这时只见郭老师把刚才贴在黑板上的画图取下，又把另外一张画图贴上。

“据说这个象棋的发明人把这游戏献给国王后，国王非常高兴，要给他赏赐。这位聪明人说他没有兴趣要金银珠宝而只想要麦，他所要的麦数是和棋盘的格数有关系。

棋盘共有64格，这人要第1格给1粒麦，第2格给2粒麦，第3格给4粒，第4格给8粒，这样下去，每一次后面那格的麦粒数是前面的两倍。

我想你们可以写出这和是：

$$1+2+2^2+\cdots+2^{63}=2^{64}-1$$

这个总数值是18 446 744 073 709 551 615。

有人曾经估计用一般量谷物的容量单位蒲式耳来计算，1蒲式耳可容500万粒麦，因此国王要拿出的麦共有3×10^{13}蒲式耳，以现在全球每年产麦的总量给这位象棋发明人也需要几千年后才能给完。因此那位国王不可能给出象棋发明人所要的酬报！”

大家听了都哈哈大笑，韩倩华说：“这人倒是挺贪心，胃口这么大。”

国际象棋和我们中国象棋有许多相近的地方，每方有16个棋子：一枚国王、一枚王后、两枚相、车两枚、马两枚、卒八枚。马的跑法和中国马一样是走“日”字的对角线，但是它不像中国的马前面有阻挡就不能前进，它可以跳过。国际象棋的变化比我们中国象棋的变化还多。

“曾经有一位对国际象棋很有兴趣的数学家做过一些计算的工作，他发现：平均来说，一枚棋子跑下一步可以有30种可能的选择，而平均走完一盘棋是要走40步。因此他得出可能的不同国际象棋布局最少约有10^{120}种。这数目是多大呢？

这数学家做出有趣的假设：假定全世界有 200 万国际象棋的高手在对局，每两人一组同时进行走棋，假定这些高手技术高超到走完一盘棋只用一瞬间，比方说 1 秒钟就走完，一走完后再走另外一盘，每一次的走法不一样，没有一组是重复前面或他组的走法，那么这 200 万高手走完所有不同的棋局要 10^{108} 年。

我们的太阳现在还年轻，年纪才 3×10^{9} 或 4×10^{9} 岁，现在太阳不断发光和发热，它本身进行着激烈和复杂的热核反应，有人说太阳会不断地衰老，最后达到风烛残年，不再发光和发热，那时候就像英国诗人拜伦在一首诗歌所描写那样月亮也不会反射太阳的光，我们的天空是漆黑一片而且没有风，这或许就是世界末日呢！有人说这日子的到来还在 5×10^{9} 年之后。我们和 10^{108} 年一比，就可以看出：如果刚才那些国际象棋高手长生不死一直玩下去，直到世界末日来临还没走完全部的国际象棋棋局！

因此如果感激这位象棋发明者，我们用麦粒来做报酬，每走一盘棋给一粒麦，这位聪明人倒是太客气，而且胃口太小，他要的是这报酬的很少很少的一部分呢！”

韩倩华伸伸舌头说：“老师，这么说我还错怪了他！”

调皮的“米老鼠”故意拍拍胸口说：“不说不知道，一说吓一跳。”他还做鬼脸，令全班同学哈哈大笑。

赵小冬举手发言：“郭老师，您能不能给我们一些课外题来考虑？我们可以在做完一些书上的习题之后，如果有时间我们可以考虑这些问题，或许这可以帮助提高我们对数学的兴趣。”

郭老师点点头说：“你的建议很好！我这里提一个问题，你们可以大家一起研究怎样解决。你们已经知道：

$$1+2+3+\cdots+n=\frac{1}{2}n(n+1)$$

$$1+r+r^{2}+\cdots+r^{n-1}=\frac{r^{n}-1}{r-1}$$

如果我们把这两个级数结合,得到下面新的级数:

$$1\times1+2\times r+3\times r^2+\cdots n\times r^{n-1}$$

你们可以试试去发现有什么样的公式。"

冯·诺伊曼的速算

郭老师看一看腕上的手表,然后说:"还有一点时间让我讲一个故事:美国有一位著名的数学家名叫冯·诺伊曼,他在6岁时就可以心算两个八位数的除法,8岁时就学会微积分。

他计算迅速得像计算机一样,有一次,人家问他这样的问题:'有两人相距20英里(1英里等于1.6公里),以每小时10英里的速度相对而行:一个由北骑自行车到南,一个由南骑自行车往北,同时候有一只苍蝇从南边的自行车轮前起飞,以每小时15英里的速度往北飞,遇到北边来的人后就转飞回南边,遇到南边来的人时又转飞北边,这样继续下去,最后直到两人相遇为止,问苍蝇总共飞多长路程?'冯·诺伊曼一听到就马上讲出答案,问的人说:'你是否听过这问题?'冯·诺伊曼说他只是求无穷级数的和得到答案,人们很钦佩他计算的速度。

很凑巧的一件事是:时任复旦大学校长的中国著名数学家苏步青教授,有一次去德国碰到一位著名的德国数学家,这数学家在电车里也提出这样类似的问题来考苏步青教授。

这位德国数学家问:'有甲乙两人相对而行,他们之间距离是100英里。甲每小时走6英里,乙每小时走4英里。甲带着一只狗出发,狗走得比甲快,它每小时走10英里,碰到乙时它掉头往甲跑,碰到甲后又掉头来往乙跑,这样连续地来回跑动,一直到甲乙狗在一起,问这狗一共走了多少英里?'

这教授出了问题后，就要苏教授回答。苏教授马上和他‘打太极’：‘你不要急呀！我是个外国人，到你的国家来，这里这么紧张，我还不习惯。让我想一想。’

苏教授结果在下电车的时候解决这问题。他是用聪明的想法：不管狗在那里来回跑动这样复杂的情况，先算甲乙什么时候相遇，因为甲乙两人每小时所走的路程共 $6+4=10$ 英里，因此他们需要 $100\div10=10$ 小时才能碰头，狗一直在跑动，最后停止正是甲乙相会的时候，因此在这段时间所跑的路程就是 10×10 英里 $=$ 100 英里。

好好！你们回去用冯·诺伊曼的方法来算一算以上的问题。”

动脑筋　想想看

1. 现在藏在大英博物馆的埃及古老的数学书中有一个这样的问题：“将 100 个面包分给 5 个人，使他们所得成为等差数列，而获得最多的 3 个人的面包数的和的 1/7 需等于其余两人的面包数的和，问这些人各有多少面包？”

2. 是否存在这样的等比数列：它有三项是 27，8 和 12？如果存在的话，考虑这些数所在的位置。

3. 同样对 1，2，5 这三个数考虑。

4. 有一个等差数列的第 12 项、第 13 项、第 15 项是形成等比数列，计算这等比数列可能的公比。

5. 有客从甲地来到乙地，他听到一个机密的消息，虽然亲人告诉他不可外传，但他忍不住想把这消息告诉人家。假定他现在在 10 分钟内告诉 3 个人，而这 3 个人听完之后，每个人又马上去找另外 3 个还没听过这消息的人讲述，而所需的时间也是 10 分钟内。如果讲过消息的人不再重讲，听到的人再找 3 个人讲，这样的

“连锁反应”要使有 700 万人口的乙地人人都知道这机密消息，总共需要多少时间？你算一算后，就会明白为什么阿拉伯人会说：“真理寸步难行，谣言却长着翅膀。”

3 不喜欢电话的美国统计学家

——戴维·布莱克威尔

我不想把自己归入哪一类，也不想把别人归类。归类对我来说是一件毫无意义的事。在统计学中，我们区分概率和统计、理论统计和应用统计、贝叶斯统计和非贝叶斯统计、资料分析和其他类型的统计。人们试图把别人甚至他们自己归入哪一类，把自己局限于小天地中，而依我看，这样很不好，一个人可以在数学的各个领域，在各种不同的抽象程度上，做出出色的成绩。

——戴维·布莱克威尔

你为什么往往要同他人一道分享一些美好的事物呢？原因在于他人即将得到的乐趣，当你把这种乐趣传递给他人时，你也会再次体味到它的美。

——戴维·布莱克威尔

如果你是一位数学家，想把用散文形式写的思想表达成符号，那是一件轻而易举的事。

——戴维·布莱克威尔

> 我情愿在一个小一些的机构中工作。我认为一个机构大到一定程度,它就会失去一些什么。我想一个人总要向往那种人与人之间的亲密关系,人人都有机会同周围所有的人进行讨论。
>
> ——戴维·布莱克威尔

第一个成为美国国家科学院院士的黑人

戴维·布莱克威尔(David Blackwell, 1919—2010)是美国著名的统计学家。他是第六个获得数学博士学位的黑人,曾在普林斯顿高等研究所工作。20 世纪 50 年代在伯克利大学当教授,并且当过统计系系主任。2010 年 7 月 8 日去世,享年 91 岁,留下 14 个孙子孙女。

老年布莱克威尔

他被公认是黑人数学家中最出色的,对概率论、贝叶斯统计、对策论、集合论、动态规划和信息论做出了贡献,曾当过美国统计学会的会长,在 1965 年他成为第一个被选为美国国家科学院院士的黑人,美国国家科学院是在 1863 年 3 月 3 日由林肯总统签署法案创立的，国家科学院院士被认为是美国科学家的最高荣誉。

中年布莱克威尔

戴维·布莱克威尔 1919 年 4 月 24 日诞生于伊利诺伊州的圣特里亚(Centralia, Illinois)，那是南伊利诺伊的一个只有一万两千人口的小城镇。

他的祖父曾在俄亥俄州教书，祖母是他班上的学生，他就是这样结识祖母的，后来经营一家店铺。祖父遗留了一大藏书室的书籍。可是他的叔叔没有上过学，因为祖父害怕黑人孩子在种族主义严重的伊利诺伊州受虐待，因此祖父在家里教他读书，并教他算术。叔叔能做三位数的加法，给小戴维很深刻的印象。父亲是铁路工人，只受过小学四年级的教育。

小戴维从小学到中学都是优秀的学生。他是在黑人白人混合的学校上课。

伊利诺伊州北部的人们种族主义的看法较淡薄，而南部种族主义思想很浓厚，圣特里亚刚好是居中。在圣特里亚以南的学校是采取种族隔离，圣特里亚有一所全白人以及一所全黑人学校，另外五所是黑白混合学校。他所上的学校虽然是不分人种的，但是在同一个镇子里另有一所专门为白种人开设的学校。这样一来，实际上成了两个隔离的学校，一所只能由黑人来上，另一所只能由白人来上。他却并未意识到这些问题，小戴维说由于他的父母执意地保护他们的孩子，不让他们遭受白人的歧视和欺负，因此他从小并没有意识到种族歧视的严重性。

他小时在祖父的藏书室发现一本代数书，就自学这方面的知识。在高中时，学校图书馆有一本英国数学家罗斯·鲍尔(William Rouse Ball, 1850—1952)写的数学趣味普及书《数学消遗及散文》(*Mathematical Recreations and Essays*),使他对数学发生兴趣。

父母不热衷于数学,有几个数学老师对他有着特殊的影响,他的高中几何老师使他真正对数学发生了兴趣。这名老师名叫哈克(Huck),他组织了一个数学研究社,参加的学生时常可以得到课本以外的数学问题,他鼓励他们去解决这些问题,而且把他们对问题的解决方法写下来,以他们的名义寄到一份学生刊物《学校科学和数学》(*School Science and Mathematics*)去发表。

学生们很高兴看到自己的名字出现在刊物上。小戴维说他的名字在该刊物出现过3次。

那是16岁那年,为了谋求一个小学教师的工作,布莱克威尔进入伊利诺伊大学攻读学位。6年之后,1941年,他便获得了数学专业的哲学博士学位,那时他才22岁,并成为普林斯顿高等研究所的一名研究员。

喜欢几何

在20世纪80年代,美国的中学课程有意识地把几何的许多内容删掉,布莱克威尔很感慨地说:“我真不愿看到发生这种事。几何是一门美妙的学科,直至我学完微积分的一年以后,几何仍然是唯一的一门能使我看到数学是那么美妙、那么富有思想的学科。”

他说他始终忘不了几何里的辅助线的概念,他说在几何问题上往往看来不可能解决时,加上了一条辅助线就可以使问题一目了然、迎刃而解,真是妙极了!

许多年之后,他仍记得证明三角形的外角等于它不相邻的两个内角之和这一命题。只要在三角形上的一个顶点作该内角所对的边的平行线,就很明显地看出该命题是正确的。

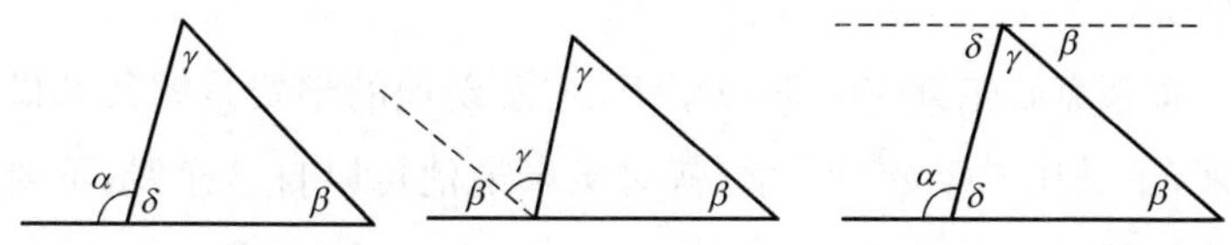

证明一个外角等于两不相邻内角之和

在中学时,他的老师曾让他们考虑一个河流问题。假设你在岸上的 P 点,你要走到河边去取水,然后走到 Q 点的羊圈给羊水喝,你要怎么走才是最短的路径?

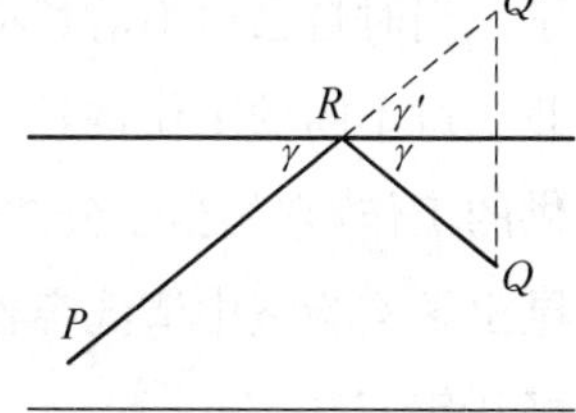

寻找最短路径

老师告诉他们答案:假如你由 P 点出发到河边再折返到 Q 点,在使折线与河的两个夹角相等的点 R 处折返,这个路径会是最短。

为什么会是这样呢?

如果我们想象河岸有一面镜子,Q 点有一个镜像反射 Q',如果一个光子要从 P 点到 Q',它一定选择最短的路线,那是一条直线 PQ',这样 PR 和 RQ 在河岸上的夹角就会相等。

几何就是这么有趣,一个看来不易解决的问题,加上了辅助线就变成一目了然,轻而易举地解决了。

读大学准备当小学教员

布莱克威尔 16 岁高中毕业,就进入伊利诺伊大学念书。父亲有一个好朋友,在南伊利诺伊的一个城镇的学校董事会有影响力,他对布莱克威尔的父亲说如果布莱克威尔能念大学,他能够给他一份工作。

那时正值 1935 年经济大萧条的时期,不容易找到工作,因此他的父亲靠借钱供他读大学,不让布莱克威尔知道他们家境的困难情况。

布莱克威尔读完大学一年级,才发现他的学费是靠父亲借贷而来,于是在二年级一开学,就对父亲说他可以自己挣钱,不要他再给钱了。

布莱克威尔回忆这段往事时,还心存感激地说:“父亲可是个伟人。当我读完大学一年级的时候,发现他一直靠借钱供我上大学,于是当二年级一开学我便告诉他我可以挣钱,不要再给我钱了。当时自己也不清楚将怎样去挣钱,只是不希望他借更多的钱。我干过不同的工作,当过跑堂和洗碗工,我有一个全国青年总署提供的工作,它相当于公共事业振兴署提供给大学生们的那种,我在昆虫学实验室中清洗容器并往玻璃瓶中注入酒精,这项工作干了好几年。”

他在读大学一年级时,便知道以后要从事数学工作,这是因为他喜欢数学,而且觉得数学对他来说是很容易的事。在最初学微积分时,他不觉得这科目特别有趣,他唯一喜欢的部分是解方程所用的牛顿方法,至于其他部分,如像是专门为工程师用来确定转动惯量或其他什么物理量,不会令他感到有趣味。

直到进入大学第二年,他上了初等分析课,教授用的是英国著名数学家哈代(G. H. Hardy)写的《纯数学》(*Pure Mathematics*),他才真正喜爱上了数学,这时才第一次领悟到将来要从事高深数学的研究,才真正明白自己所喜爱的不仅仅是数学中的一两样东西,而是整个数学,因为它是非常美妙的。

他说他从来没有很大的抱负,只是想毕业后当小学教员。

布莱克威尔回忆:“我依然认为自己会做小学教师。一个人念了四年大学,毕了业,自然而然要找一份工作。也有一些人继续念下去,我也毫不怀疑自己有能力继续念下去,但我不知能不能写出论文来。难道真正有谁在没有确实写出一篇论文之前便知道自己能写论文吗?在我读研究生第一年的时候,我认识到自己能够理解数学。我能够修研究生的数学课，读研究生的数学书，做研究生的数学习题。尽管存在很大困难，我还是能读懂一篇研究论文或一份刊物。但是自己能不能做一些开创性的工作，这我可不知道。当然不妨一试，它毕竟不是这个世界给予我的唯一出路。我认为能够当一名好的高中教师，自己就很满足了。”可是在读大学时，如果要当教师，必须修有关教育学的课程，而他却迟迟没有进修它们，主要原因是他没有下定决心真正去走这条路。

他渐渐感到自己能够在四年内修得硕士学位，于是把志向提高了一点，希望将来能成为一名高中或大学的教师。他在 1938 年读完学士学位后，继续留在原校攻读硕士学位。在大学期间，他被选为数学俱乐部的主席。

当时由于他功课很好，几个老师鼓励他申请研究生奖学金。他也申请助教奖学金，当助教需要去教书，而学校不愿意黑人给白人学生上课，因此宁愿给他钱较多的研究生奖学金而不给他钱较少的助教奖学金，这是一种带有种族歧视的做法。

名师出高徒

布莱克威尔的硕士论文导师是约瑟夫·杜布(Joseph L. Doob，1910—2004)。

杜布在哈佛大学获得博士学位。他小时喜欢物理，自己制造收音机，研究莫尔斯码，在他的高中校长的鼓励下，他申请入哈佛大学的数学系，1926 年哈佛大学的数学系已是美国最好的数学系之一，由于他高中的成绩都是顶尖的，因此不必参加入学考试就被录取了。

四年后毕业，他想要系主任斯通(Marshal Stone)做指导教授，可是斯通说他没有可研究的题目，建议他去和沃什(J. L.

Wash)学。他就找沃什教授当导师,而这导师却让他自由发展。

当时布莱克威尔还没有找到论文导师,有一天一个叫基比(Don Kibbey)的助教问他愿意同谁一道工作,并建议他:"为什么不去试试同杜布教授一起工作呢?他可是一个好人。"

保罗·哈尔莫斯

于是布莱克威尔去找杜布做指导教授。当时哈尔莫斯(Paul Halmos)是杜布的博士生,而布莱克威尔比哈尔莫斯更喜欢概率论。杜布教授给他读的许多文章,早在一年前就给哈尔莫斯念过了,这些论文都是和测度论有关,哈尔莫斯研究了它们,并且想对别人讲述,布莱克威尔很自然地通过听哈尔莫斯讲解而学习了这个理论。后来哈尔莫斯把这些材料写成了著名的《测度论》,戴维说他是第一个知道这书稿的人。

戴维的博士论文是关于马尔可夫过程。其中一个美丽的想法是杜布教授给他的。在取得硕士学位后,仅两年的时间他获得了博士学位,当时他才22岁!

博士毕业那年,伯克利大学数学系有一个原波兰籍的统计大师奈曼(Jerzy Neyman, 1894—1981)教授要把杜布挖去。

奈曼

杜布教授说:"不行,我不能来。但我在这里有几个优秀的学生,其中布莱克威尔是最出色的。当然他是黑人,尽管我们都在为民主的事业而奋斗,在我们的国家民主并未普及。"

奈曼教授对在一切场合下被

压迫和受歧视的人都富有极大的同情,他总是喜欢地位低下的人。就因为布莱克威尔是黑人,他便产生极大的热情来聘请他来伯克利大学工作。

奈曼希望布莱克威尔能来伯克利大学教书,却受到当时种族主义的阻力,当时数学系系主任的夫人说:"我不能邀请一个黑鬼来我家聚餐。"奈曼不能安排这工作,只好写信说:"鉴于战争形势和征兵的可能,他们已经委任一位女士从事这项工作。"

布莱克威尔也不期望会有什么好消息。他向黑人院校发出了105封申请信,而没有向白人院校申请,因为那里的大门是对黑人紧闭的。

到普林斯顿高等研究所

杜布由于在数学上的出色工作,被邀请到普林斯顿高等研究所去工作。杜布想带布莱克威尔一起去,因此要求研究所设法提供奖学金给布莱克威尔做博士后研究。

根据当时的规矩,高等研究所的人员都是普林斯顿大学的名誉教职员。当布莱克威尔被考虑作为研究所成员的时候,普林斯顿大学拒绝任命一名黑人作为它的名誉教职员。

研究所的所长是著名的奥本海默(J. Robert Oppenheimer),他坚持要布莱克威尔来普林斯顿研究所,并为此发出威胁,最后普林斯顿大学只好做了让步。

而布莱克威尔也获得了罗森瓦尔德奖学金(Rosenwald Fellowship)在普林斯顿研究所做研究,在那里两年,他很高兴地尽量从几个大师身上学习一些新的数学,特别是冯·诺伊曼(John von Neumann, 1903—1957)引他进入对策论,最后他也是这个领域的先行者之一。

奥本海默(右)

他先后在3所黑人大学共教书12年，最后奈曼教授把他请到伯克利大学，直到退休为止，在那里教了35年。

在20世纪40年代，布莱克威尔本来可以早进入伯克利大学教书，但由于数学系里有一位白人教授说他不能请黑人到他的家去聚餐，而其他教授认为有一位黑人教授系里就会闹分裂，因此奈曼教授(作为一个从外国来的教授，不敢太坚持自己的意见)才不聘请布莱克威尔。但是“真金不怕火炼”，12年之后，奈曼把布莱克威尔请到伯克利大学，过不久还让他当统计系主任，这也是开民主大门，在当年是不得了的事件。

二人零和对策问题

冯·诺伊曼及奥斯卡·摩根斯顿(Oskar Morgenstern)在他们的名著《对策论及经济行为》(*Theory of Games and Economic Behavior*)中提出了对策论。

他们的书由普林斯顿大学出版社出版，他们写了两个版本，一版是用符号写给数学家们看的，另一版是用散文形式写给经济学家看的，因为经济学家不喜欢公式和符号。这是一部大块头的好书。

布莱克威尔虽是数学家，可是他却挑了那本用散文形式写的书来读，发现它比用符号写的容易读得多，由于这本书引发他对对策论的研究，后来他也成为对策论领域的先行者之一。

双人对局(2－person games)最有名的是"拈"(Nim)，这游戏据说是来自广东的奴工一百多年前在美洲开矿建铁路时，平时没有什么可消遣，便取了石块放在地上，排成三列，这叫做"3－4－5拈"，由两人玩：

第一列 ○○○

第二列 ○○○○

第三列 ○○○○○

两人轮流取石块，每人每次可以随便从一个列取出一块或一块以上的石块，但不能在两列同时取，直到最后，谁把石块取光的人谁就赢此游戏。他们游戏时，偶尔有白人在旁观看，后来白人就在酒吧以铜钱的方式模仿着玩，这游戏就流传西方了。

我们来看"2－2拈"，假定以上的游戏乙玩到如下的情形：

第一列 ○○

第二列 ○○

轮到由甲来取，他有两种可能的选择，结果分别是：

(1)		(2)	
第一列	○	第一列	
第二列	○○	第二列	○○

这时由乙来取，如果他面对(1)的情形，他就有三种可能的选择，结果分别是：

(A)		(B)		(C)	
第一列		第一列	○	第一列	○
第二列	○○	第二列	○	第二列	

如果是(A)的情形，甲有两种选择，结果分别是：

(a) 第一列　　　　(b) 第一列

第二列 ○　　　　第二列

为了要赢取这游戏,甲会选(b)而非(a)。

如果是(B)的情形,甲只有一种选择结果(a),这时他就输定了。

如果是(C)的情形,甲只有造成(b)而赢这游戏。

如果乙面对是(2)的情形,他也只有造成(a)或(b)的选择,他如果愚蠢地造成(a),那么甲就赢了,因此他会造成(b)。

为了能全面观察这个游戏的变化,我画了一个游戏树(game tree)。读者可以用两根牙签来代表石块,并将牙签竖放,来推演游戏过程。

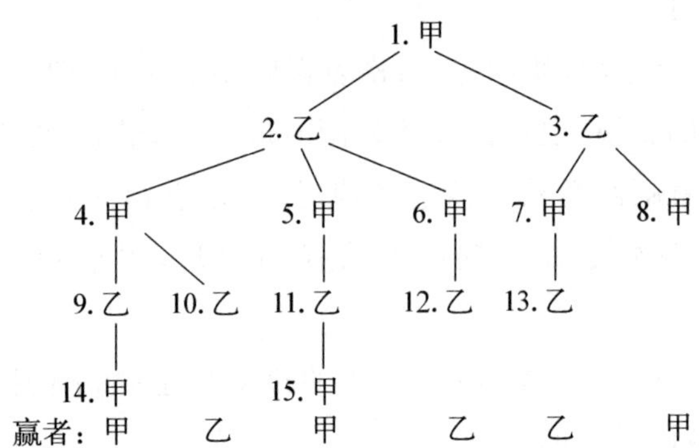

我们现在由这树,观察甲的 3 种策略:

甲Ⅰ:第一次 1→2　　第二次 4→9

甲Ⅱ:第一次 1→2　　第二次 4→10

甲Ⅲ:第一次 1→3

乙有 6 种相应的策略:

乙Ⅰ:第一次 2→4 或 3→7

乙Ⅱ:第一次 2→5 或 3→7

乙Ⅲ:第一次 2→6 或 3→7

乙Ⅳ:第一次 2→4 或 3→8

乙Ⅴ：第一次 2→5 或 3→8

乙Ⅵ：第一次 2→6 或 3→8

我们看甲Ⅰ和乙Ⅰ就是 1→2→4→9→14 的情形。

甲Ⅱ和乙Ⅰ就是 1→2→4→10。

甲Ⅲ和乙Ⅱ就是 1→3→7→13。

我们构造一个矩阵叫做支付矩阵(pay-off matrix)：

	乙Ⅰ	乙Ⅱ	乙Ⅲ	乙Ⅳ	乙Ⅴ	乙Ⅵ
甲Ⅰ	甲(14)	甲(15)	乙(12)	甲(14)	甲(15)	乙(12)
甲Ⅱ	乙(10)	甲(15)	乙(12)	乙(10)	甲(15)	乙(12)
甲Ⅲ	乙(13)	乙(13)	乙(13)	甲(8)	甲(8)	甲(8)

这矩阵的(i, j)位置放置胜利者及最终点。

假定甲乙两个人玩这游戏时是有金钱的输赢，而且规定只是一个铜板(1 元)，我们可以看到以上的矩阵给出另外一个输赢钱数的矩阵：

	乙Ⅰ	乙Ⅱ	乙Ⅲ	乙Ⅳ	乙Ⅴ	乙Ⅵ
甲Ⅰ	1	1	−1	1	1	−1
甲Ⅱ	−1	1	−1	−1	1	−1
甲Ⅲ	−1	−1	−1	1	1	1

在这里我们是以甲的立场写这矩阵，甲得一个铜板我们就写 1，甲输一个铜板我们就写−1。

我们现在算每行每列的数字和

	乙Ⅰ	乙Ⅱ	乙Ⅲ	乙Ⅳ	乙Ⅴ	乙Ⅵ	
甲Ⅰ	1	1	−1	1	1	−1	2
甲Ⅱ	−1	1	−1	−1	1	−1	−2
甲Ⅲ	−1	−1	−1	1	1	1	0
	−1	1	−3	1	3	−1	

这些数字反映了一个事实：整个游戏并不是很公正的，如果甲先取，他选取甲Ⅰ的策略，他胜算的机会就大了很多。

我们现在定义二人零和对策：如果以上的矩阵每行和每列的和都是零。

我们举两个这方面的实际例子：第一是“猜拳”，第二是“剪刀、石头、布”的游戏。

现在甲、乙两人，甲选奇数，乙选偶数，他们一起伸出手——伸出一个手指或两个手指。如果两人的总共手指数是奇数甲赢，甲就得1元；如果两人总共手指数是偶数，乙赢，他可得1元。

我们现在写底下的矩阵：

	乙伸1手指	乙伸2手指	
甲伸1手指	−1	+1	0
甲伸2手指	+1	−1	0
	0	0	

我们可以看到这是个二人零和对策。

如果现在甲、乙玩“剪刀、石头、布”的游戏，我们可以看到对应的支付矩阵是：

	乙举剪刀	乙举石头	乙举布	
甲举剪刀	0	−1	+1	0
甲举石头	+1	0	−1	0
甲举布	−1	+1	0	0
	0	0	0	

布莱克威尔在这方面做了许多工作，但他说：“遗憾的是这类问题虽是明确完善，却是最不重要的一类对策，一方赢了，另一方必然是输。当今世界上的对策问题却不是这样。像美苏之间的对立不是零和对策，双方都能赢，双方也都能输。可惜我不懂其他的对策。”

1948 至 1950 年，布莱克威尔作为兰德公司顾问，运用对策论研究军事局势。在那里，他把注意力转向可称为“决斗者”的困境，一个可以应用于战场的大问题。

初见冯·诺伊曼

冯·诺伊曼生于匈牙利的有钱犹太家庭，他可以说是一个神童，6 岁能心算 8 位数的除法，8 岁就学会了微积分，12 岁就会看法国著名数学家波莱尔(É. Borel)写的《函数论教程》(*Lecons Sur la théorie des functions*)。他 10 岁时就进入大学预科学习。不到 18 岁时就和数学家合写一篇数学论文。

由于家境富有，他同时在 3 个国家的大学留学：德国的柏林大学、瑞士苏黎世的高等技术学院、匈牙利布达佩斯大学。在德国他听爱因斯坦的课并跟随施密特(E. Schmidt)学习群论，在苏黎世他向外尔(H. Weyl)及波利亚(G. Polya)学数学。他也常跑到德国的格丁根去参加大师希尔伯特(D. Hilbert)关于量子力学的讲习会。

1925 年和 1926 年，他先后得到苏黎世的化学工程学位和布达佩斯大学的数学博士学位。

1930 年，他以客座讲师身份来到美国普林斯顿大学数学系，第二年被聘为终身教授。1933 年普林斯顿高等研究所成立，他被聘为数学物理终身教授，当时他仅 29 岁，是研究所最年轻的教授。

冯·诺伊曼在纯数学和应用数学、物理及电子计算机上都有卓越的贡献。在第二次世界大战时，为了抢先德国制造原子弹，他参加了制造原子弹的“曼哈顿计划”，在洛斯阿拉莫斯研究所工作，指导原子弹最佳结构的设计，探讨实现大规模热核反应的方案。可能由于曾长期暴露在辐射线下，他在 1955 年夏天被医生诊断患上骨癌,病情很快恶化,1957 年 2 月 8 日,他在华盛顿陆军医院去世,年仅 54 岁。

对策论的开山祖师——冯·诺伊曼

冯·诺伊曼是对策论的开山祖师,也是现代数理经济学的开拓者之一。早在 20 世纪 20 年代法国数学家波莱尔用数学语言研究了赌博问题,引进了纯策略与混合策略的概念,并提出解决个人对策与零和二人对策的数学方案。

冯·诺伊曼在波莱尔的工作上得出了重要的二人零和对策的极小极大定理(Minimax theorem),发表在 1928 年著名的论文《关于伙伴游戏理论》(Zur Theorie der Gesellschaftsspiele)中。

这定理是这样的: 如果 A 是二人零和对策的支付矩阵的正规化,x 和 y 是对局双方采取的混合策略的概率向量,那么会存在最优策略 x^* 和 y^*,使

$$\min_{y} x^* A y = x^* A y^* = \max_{x} x A y^*$$

1940 年奥地利经济学家摩根斯顿与冯·诺伊曼在这论文的基础上,增加了"分配"和"控制"的概念,发展了合作对策问题的理论。

1941—1942 年,布莱克威尔作为博士后研究生到普林斯顿高等研究所。他这时对统计感兴趣,去旁听韦克(San Wilk)教授在普林斯顿大学的统计课,和他旁听的还有刚从威斯康星大学毕业的谢弗(Henry Scheffé)以及一些统计学家,像布朗(George Brown)、穆德(Alex Mood)、安德森(Ted Anderson)等。

他到了普林斯顿研究所,见到了慕名已久的冯·诺伊曼,冯·诺伊曼就邀请他来谈论他的博士论文。布莱克威尔的博士

论文是属于概率论的马尔可夫链，他觉得自己的论文没有太多自己的想法，而且他以为这是冯·诺伊曼对新来的年轻访问者的应酬方式，冯·诺伊曼这个著名的数学家不会对他的工作太重视，因此他也就没有安排和冯·诺伊曼见面。

有一天在所里的午茶时间，冯·诺伊曼见到布莱克威尔就对他说："你什么时候要来见我和我讨论你的论文？去和我的秘书谈，安排一个时间我们可以讨论。"

冯·诺伊曼

布莱克威尔才知道冯·诺伊曼是认真的，不是对年轻人虚伪地表示善意，于是就见他的秘书安排了会面时间。

在会面时他讲述自己的论文只不过十分钟，冯·诺伊曼就打断他的叙述，问了几个问题后，冯·诺伊曼开始滔滔不绝地讲述布莱克威尔的博士论文了！"你可能已经得到这样的结果了。或许你可以用这个方法、更简易的方法得到这样的结果……你还可以这么做……"

在这位数学大师的面前，布莱克威尔真是吃惊！冯·诺伊曼只是听他讲述十分钟这个在当时还算是冷门——许多人都不知道的数学项目，就马上能知道及洞悉他花了许多时间才学到及发现的东西，这真使他佩服得五体投地。冯·诺伊曼比自己的论文导师更清楚自己的工作，比论文的创作者更能知道会有什么推广及进展，而毫无保留地把这些东西告诉他!

在1984年10月，莫理斯·戴古德(Morris H. DcGroot)访问布莱克威尔。布莱克威尔回忆这段初见冯·诺伊曼的情形时，还心存感激地说：

“冯·诺伊曼的反应非常迅速。我想他是浪费了许多时间，因为他愿意听那些二流或三流的数学家谈论他们的问题。我几次看到他那么做。”

冯·诺伊曼的记忆力是惊人的，他喜欢历史，阅读许多欧洲古代历史名著，对许多历史事迹，他能无误地叙述。现在收集在《冯·诺伊曼文集》(*Collected Works of John von Neumann*)中的150余篇论文，有60多篇是纯粹数学，60余篇是应用数学，20多篇是物理学。

乌拉姆，费恩曼和冯·诺伊曼(左起)

他在纯粹数学上的工作，包括集合论及数学基础、测度论、群论、算子理论、格论。在应用数学上，除了对策论与数理经济，他和乌拉姆(S. Ulam)创造了蒙特卡罗方法，这在原子弹计算、天气预报、经济预测等都有很好的应用。

如果他没有过早去世，诺贝尔经济学奖会颁给他。

怎样搞起统计来的

布莱克威尔在概率论有出色工作，1983年，阿伯斯(Donald J. Albers)曾访问他："问他怎么会对统计学发生兴趣的？"

"1945年，我在霍华德大学教书，当时数学系很小，而且不很活跃。我留意整个华盛顿哥伦比亚特区，寻找能使我在数学上有所作为的地方。由于偶然的机会，我参加了美国统计协会华盛顿分会的一个会议。格希克作关于序贯分析的报告。报告中最有趣的部分便是他发表了一个定理，而我却不相信这一定理。

果然，我回到家中便着手尝试构造一个反例，而且，在不相信一条定理的时候，自然而然地便认为自己已经有了这样一个反例。我把反例写出来后送给了他。当时他正在以一名统计学家的身份为农业部工作。我的反例是错误的，但是格希克没有把它当作一个不懂统计的人所做的一点误入歧途的努力而退还给我，而是把我邀请到他的办公室进行讨论。

他没有告诉我这个反例是错的，而是要我解释给他听。由此，我们之间建立起一种个人关系，并且开始合作。这种合作一直持续到他去世为止。我就是这样开始搞统计的，仅仅从听了格希克的那一堂课开始。事实上，我的第一篇序贯分析方面的论文，就是关于我当初所不相信的那个方程式的。"

阿伯斯："您能谈谈什么是序贯分析吗？"

布莱克威尔："它是关于试验次数没有预先指定的一组试验的统计分析，即序贯试验的统计分析。这就是所谓序贯分析同固定样本容量分析之间的唯一区别。这里，试验材料的个数及试验的次数可以由你预先确定，也可由你一直进行下去直至得出一个结论为止。当然，很久以来人们已经在非正式地这样做了，而瓦尔德则是第一个陈述了这一概念并对其进行了系统研究的人。现在人们已经不再把序贯分析看作统计学中的一个特殊分支,例如,我们不再专门开设所谓序贯分析课程。它的重要性在于使人们重新检验许多事物。如果一个固定样本容量分析中的概念不适用于序贯分析,那么可以提示人们,这个概念在固定样本容量分析中可能未必合适。我认为瓦尔德在序贯分析方面的工作导致他在决策理论方面的成就,这在统计学的发展中是非常重要的。”

不喜欢反证法的数学家

数学家通常对一些命题想证明它的真伪,采取不同的证明方法。有时人们用直接证法,可是如果直接证法不容易,人们就尝试用反证法。

比方说命题是形如“如果A,则B成立”,反证法是假定B是不对的,我们要得到与A矛盾的结论,从而假定B不对是不能成立。

例如在平面几何中我们要证明:“三角形如果两腰相等则其底角相等。直接证法是在底边取中点,作顶点和中点的连线,把这三角形分成两个全等的三角形,然后证对应的底角相等。”如果我们用反证法就要假定底角不一样,我们要设法推导出两腰不会相等的结论。

布莱克威尔却认为用反证法来证明问题是一个错误。在1983年他对访问他的阿伯斯教授表示:

“我往往发现,一旦你从相互矛盾的假设入手,你将永远离不开否定之否定的世界。你先说这个世界里0=1,然后试图证明你就是在这个世界工作的。你所说的话没有一句真的。正因为一切都是假的,你也就学不到任何东西。

据我所观察到的一切情形,总可以把一个反证的证明改成一个使你所说的每一句话都是真实的证明，这样你就可以学到更多。这并不要说要做多大的改动。”

他举数学上著名的定理“实数集合是不可数的”来说明，通常证明是反证法，而他可以给出直接证明。

他家里没有电话

美国《生活》杂志曾出版一本关于数学的普及书籍，里面特别介绍布莱克威尔，称赞他是一名优秀的教师，而且还特别提到他家里没有电话。

当时电话在美国就像汽车一样变成家庭的必需品，一个没有电话的数学家是令人觉得奇怪的事。

1983 年阿伯斯访问布莱克威尔，特别提起这个问题：“几年前《生活》杂志出的书提到您家中没有电话，到现在您家中还没有装电话吗?”

布莱克威尔

布莱克威尔回答：“没有。几年以前我最小的女儿坚持要装一部电话，她赢了。不过长期以来我们没有电话了。这并不是由于我们家里有什么特别，而是由于孩子打长途电话太多，要付一大笔钱，于是我们决定停用一个月。就这样，一个月拖至两个月，两个拖至三个月。我们发现不要电话有它的不便，也有它的好处，便决定不要电话了。”

20 世纪 80 年代为了写他的传记，我送了一个网络电信邮箱给他，请他多提供一些数据，伯克利大学与我所执教的大学相距并不太远，我附上我的电话号码，并告诉他我也是很讨厌打电话，我是全系教授使用电话最少的人，如果他需要告诉我一些事情他可以打电话给我。结果，他邮寄了一些他的论文数据给我，而没有使用电话。

他解释为什么不喜欢电话："我对电话也确实没有什么好感。在二次大战期间，我和一个朋友在华盛顿想乘火车去纽约。人们排着长队，火车的班次不多，再者军人享有特权。我们排着购票，想知道一些消息，我的朋友对我说：'请稍待会儿。'他离开队伍，于是我听到电话铃响——售票员不再接待顾客，而去回答电话，提供了我朋友所要的讯息。

从这时候开始，我对电话的态度改变。这是一个粗暴无礼的设备，对于费九牛二虎气力挤进来排队的人可以被人中途插进享有优先！"

多产的数学家

布莱克威尔在贝叶斯统计、概率论、对策论、集合论、动态规划和信息论等方面都做出了卓越的贡献，他写了近百篇数学论文。他说："我涉猎于那么多的领域，那么对于每一个领域，我都堪称一名业余爱好者。老实说，我对搞研究并没有兴趣，也未曾有过兴趣。我的兴趣在于领悟，而领悟和研究是完全两回事。往往要想弄懂一件事物，你必须亲自动手，因为没有前人在这方面做过工作。例如我对香农的信息论发生了兴趣，他留下了大量未解决的问题待回答，因为理论本身并不是完备的，所以我和几个同事在这方面做些工作，看看在这样或那样的条件下将会发生什么。

这样做的动机并不是想有什么新的发现。如果把该做的事都做完了，这个理论自然就会更好，而恰恰是因为许多工作没有做，你才会想把理论完成，使它变得更为完善，这就是我所谓业余爱好者的含义。当我感到对某些事物的理解颇为透彻的时候，我就着手干些别的了。”

这种广泛的兴趣及做学问的态度，使得布莱克威尔能在贝叶斯统计、概率论、集合论、测度论、对策论、动态规划和信息论等多个数学领域有卓越的成就。布莱克威尔说概率论用到测度论，而测度论的基础却是集合论，因此他搞数学始终没有离开他自己最初搞数学的起点——集合论。他是站在这一起点上向不同方向窥测。

他是一名出色的老师

布莱克威尔喜欢教书，是一名出色的老师，他说：“为什么要和他人一道分享一些美好的事物呢？原因在于他人即将得到的乐趣，当你把这种乐趣传递给他人时，你也会再次体味到它的美。”

他从 1955 年起就在伯克利大学教书。1957—1963 年还当过统计系的系主任，他说他对当领导（系主任）没有什么兴趣，他说他是倾向于去发现人们想要做什么，而不是领导人们去做。他很快地意识到，他所做的只不过是力图把事情办好，使大家愉快地工作。他说他放弃系主任这一职务后，大约有一年的光景，每天早上一醒来，头脑中的第一个想法便是：“我不再是系主任了。”于是这一天便很高兴，觉得非常有意义。

布莱克威尔从 1964 年至 1968 年做过信息科学学院助理院长。他在 1988 年从伯克利大学退休，共指导过 65 位博士生。

20 世纪 60 年代，美国大学学生运动风起云涌，特别是伯克利大学的学运是闻名美国，学生反对校方用 40 年代的老规则来压抑他们，学生要求变革，当局不肯变通，于是抗议、破坏的暴力事件层出不穷。布莱克威尔不喜欢大吵大闹,但同情学生的活动,认为有这么多暴力和破坏事件的发生,是由于当局不会疏导而镇压的反效果。

布莱克威尔在学术上的贡献,使他获得12个大学颁给他的名誉博士学位,特别是在1980年一年同时获得三所大学颁给他名誉博士学位:霍华德大学——这是1944—1954年他曾经执教的大学,耶鲁大学及沃里克大学(Warkwick University),这也是美国史上第一宗。给他的名誉博士学位的大学都是著名的大学,像伊利诺伊大学、密歇根大学、南伊利诺伊大学、卡内基-梅隆大学、哈佛大学以及南加州大学。

1979年,他获得了运筹学学会颁给他的约翰·冯·诺伊曼理论奖,1986年他又获得了统计学会颁给他的费希尔奖(R. A. Fisher Award)。

布莱克威尔在空闲的时候喜欢听音乐,或到乡下去劳动,他们在孟德斯诺有一片土地,大约40英亩。那是一个美丽的地方,有一个河湾和好些巨大的红杉树。当初在他买下这块地的时候,他的梦想是到那里去度周末,带上一瓶马提尼酒,坐在红杉树下看着河水流淌。但是当他一旦到了那里,便无休止地干活——种树、修篱笆、割草、修补马厩上的漏洞呀,一直干到离去为止。他的妻子也是如此。事情和他们当初想象的大相径庭。

他说:“我有8个孩子,没有一个从事与数学有关的职业,他们对数学根本没有特殊的兴趣,而且我很高兴看到这一点。这样说似乎有点儿那个,他们说不定不会在数学上像我这样有出息。人们难免要进行比较。我弟弟上了伊利诺伊大学,他念一年级时比我晚10年,他加入了我曾经加入过的一个学会,当人们发现他来自圣特里亚,就问他是不是同我有什么关系。他说:‘我觉得好像听说过他这个人,但我们间没有任何关系。’你瞧,他也不愿意被别人用来和我进行比较,他要依靠自己的力量走路。我的名声在那里好似一块匾，对于我弟弟，无论他是做得非常好或是非常糟，总要对哥哥的业绩负责，这将是一件很坏的事。”

他的成就对种族主义者谬论是一个反证

他的成就对种族主义者的谬论是一个反证。在美国，一些白人至上主义者认为有色人种资质比白人差，因此活该生活水平低，不能有好的教育及好的工作环境。

他证明了人对社会的贡献并不是由他的肤色来决定的，只要一个人肯上进肯钻研，他的成就一定会被公认的。

我在 1988 年到伯克利大学听斯科特(Dana Scott)关于机器证明的演讲，特别带一位黑人学生去听，在演讲厅见到他，我把我的学生介绍给他认识，我说这就是我在课堂上提过的著名科学家。我顺便也给他有他的传记的《数学和数学家的故事》，他希望我下次再来找他可以谈更多关于他的事迹，很可惜当年我要花费时间去做一些抗争的活动，没法子见他，他后来寄了一些数据给我。

写于 1997 年 6 月—2008 年 10 月 5 日

2010 年 7 月 19 日增改

4 成人的童话
——认识一点拓扑空间

变形虫的奇遇

有一种很微小的单细胞生物名叫阿米巴（ameba），由于它的身体会不断地变化，生物学家给它取名为“变形虫”。这小虫在脏水里生长，有时会钻进人的肚子里去，使得人们腹泻，严重时还能致人死亡。有一次，有一个生物学家把一滴脏水放到显微镜底下观察，他看到这滴水的世界真是神奇万千：有含叶绿素的藻，有长着鞭毛迅速游动的鞭毛虫，他还看到两只变形虫。

这位生物学家童心大起，拿了一个很小很小的线圈放到玻璃片上把变形虫围起来。于是在显微镜下，他看到其中一只变形虫左冲右撞，想要冲出圈子，另外一只变形虫却是像入定的老僧那样一动也不动。

这生物学家的显微镜安装有最新式的“细菌语言

播音机”,因此他能听到这两只变形虫的对话。

“我的老天爷,这是什么墙把我关起来,我要出去,我不愿意呆在一个狭小的天地里。”那只急躁不安的小变形虫在叫喊。

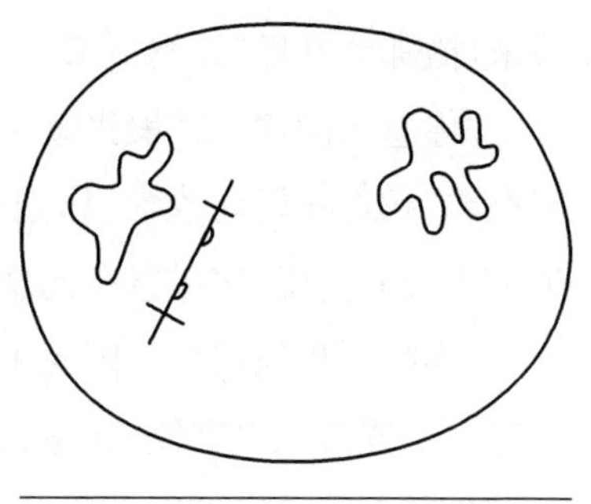

两只变形虫

“碰！碰！碰！”小变形虫把身体往墙上撞(事实这墙在人的眼中只不过是一个小线圈),它的身体撞痛了,因而扭曲得很厉害。

小变形虫用身体去撞那个如老僧入定的变形虫,对它喊叫:“喂！我们被关起来了,为什么你还不想出去？你究竟是什么变形虫？难道不知道‘不自由、毋宁死’的道理吗?”

那只不动的变形虫伸伸懒腰,开口说话:“为什么吵吵闹闹,把我从我的数学思考中吵醒？我是阿米巴数学家,我在研究微妙的数学真理,你不该来吵我——当我在研究世界上最艰深最美妙的学问时。”

小变形虫说:“我们已经失去自由了,你还在研究那什么都看不见的数学,你快想个妥善的方法,使我们能脱离困境。”

阿米巴数学家说:“你别急躁！我对你讲一个故事。”它一面慢慢地把它的身体一部分拉长变成手指样,然后在沉积一些薄薄的污泥的玻璃面上画了一条线。

“你看:这一条线可以向左右两端无限延长,这上面生活了两个小点,它们只能在这线上自由跑动,向左移动或者向右移动,我现在把它们活动的空间切断。你看！这是用画两条线把这线截下来,让我们听听这两个小点的对话吧！”

只见一个小圆点正在焦急不安地不断撞那墙(事实上,在变形虫的眼中,那只不过是一截小线段)。它把头撞得肿痛,于是倒转回来,撞那个好像"天塌下来,什么事也和我无关"的小圆点。

"你怎么撞我呢?"懒得动一动的小圆点责怪那位不安分的小圆点。"我正在研究数学,你把我从那美妙的世界带回现实世界,破坏了我的玄想,实在岂有此理!"

"唉呀呀!我们被关闭起来了!现在我把你唤醒,希望我们可以想一个方法跑出牢笼,你怎么能随便怪我呢?"

小圆点数学家被那个紧张兮兮的小圆点推到墙面前,要他研究出去的方法,小圆点数学家沉思片刻回答:"有什么难呢?我们是生活在一维空间里,实际上还有一个叫二维空间的世界,只要你跑进二维空间的世界,你的自由度就增加,你可以绕过障碍回到我们原来的世界。"

小变形虫呱呱喊叫说:"这有什么了不起的大道理!非常明显。小圆点真笨,还要小圆点数学家解释才明白。"

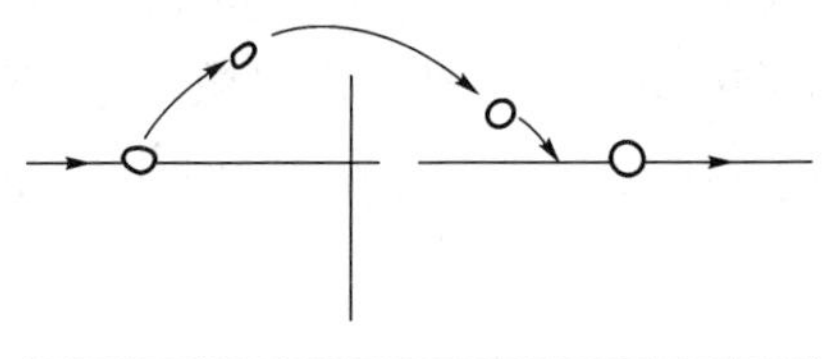

小圆点在二维空间更自由

变形虫数学家严肃地说:"不要讥笑比你差的人!嘲笑人家的人,总有被人嘲笑的时候。我们是二维空间的生物,还有一个三维世界。我们的世界只有东南西北的方向,在那个世界有一种叫'上、下'的区分,就像小圆点的世界只有'左、右'的方向,而没有我们的'东南西北',因此你只要进入三维世界,把身体向上伸,你就可以越过障碍,回到你的自由世界去。"

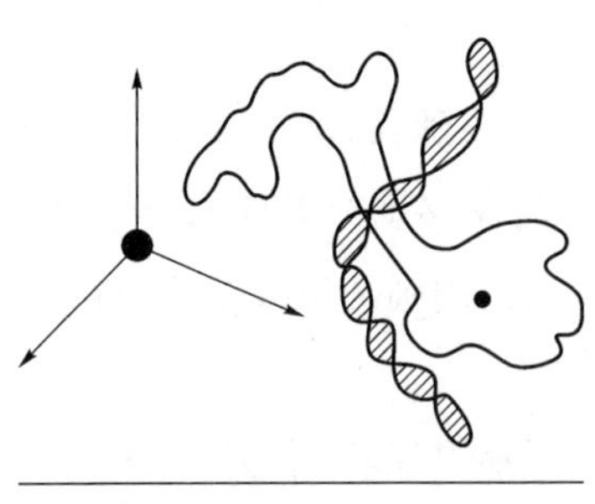

三维空间

以上的故事是我编出来回答一位学生物的朋友的。他问我为什么有一些数学家在遭受打击或关在牢笼时还能做研究?(这是他看过我有关被迫害的数学家的故事后提出的问题。)

我这个故事是对数学家开玩笑,也包括对我自己的自嘲。但是里面却有一些哲理,读者只要把它当作禅宗里的老和尚的偈语看待,总会悟到一些道理。"天机不可泄漏",我不想多说。

小王子和伤脑筋的国王

法国有一本著名的儿童故事书叫《小王子》,这里面有一个天真无邪的小孩子名叫"小王子",许多国家的儿童都知道他的故事。可惜作者创造这个故事之后,却因喜欢驾飞机而失事,从此没有新的"小王子"的故事出现。

有一次,我生病孤寂地躺在床上,忽然听到一个微弱的声音:"对不起!对不起!让我自由。"

我循着声音传来的方向找去,在书架上看到有一个像小蜻蜓的小东西,正在挣扎地要从一本书里爬出来。"哎呀!你不是小王子吗?!"我惊异地喊起来。

我连忙把书从书架抽出打开书本,小王子就从书上跳到我的手上。"这样就比较舒服。"小王子对我说。

我躺回床上,把小王子放在我的被上,我问他:"小王子!你以后还有什么奇异的经历?请你告诉我,我很想知道。很高兴你能来找我。"

"唉!我走了很多星球,看了各种各样的生物,我可以告诉你一些。"下面是他讲的一个故事:

"有一天,我来到一个星球,这星球只有一个国王。

这国王有一个美丽的王后,她正在怀孕。国王说:'如果我们有一个王子,这王子就继承我的星球。如果生下两个王子,我就把星球分成南半球和北半球,由他们分管。'王后问:'万一我生下是三个王子,你怎么分给他们呢?'国王说:'很容易。我只要站在北极上,往南极画三条线,这星球的土地就被分成三块,他们能互相来往而不需要通过第三者的国土。'王后再问:'如果我生下四个王子,你能不能再把领土分配,使他们兄弟能直接来往,而不必通过第三者的国土呢?'国王说:'很容易,你看我这样分配国土。'国王一面说一面在桌上画了一个圆,然后就在圆形上画弧。'我只要把老大、老二、老三、老四照左图的安排法,他们就能互相往来,不必经过第三者的国土了。'

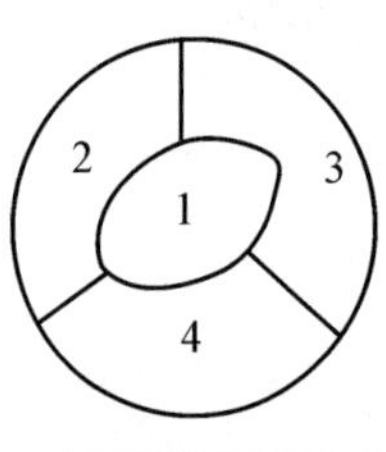

四块两两相邻的区域

我到那里的时候,王后却是一生就生下五个小王子,全国人民都很高兴,国王也很高兴。国王在给这些孩子取名之后,就想早一点安排他们以后的领地,可是他在书房里不断地安排,却一直安排不出,他召了几个大臣及最有智慧的老人来商量,也没有人能安排使每个孩子的领地都能和其他的兄弟接壤,以让他们可以直接来往,不经过其他人的领土。

我看国王画的图,真是多种多样,的确是没有一个能符合要求,我带回了国王和大臣们设计的几个图。

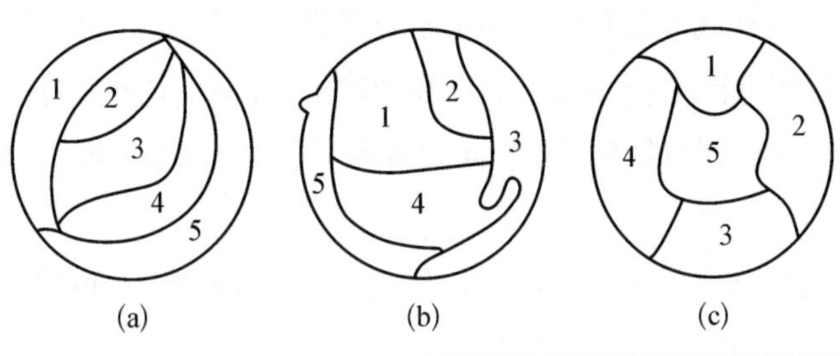

五块区域无法两两相邻

我现在拿了这些图来,您能不能帮帮国王呢?"

我把小王子给我看的图做了些变化。

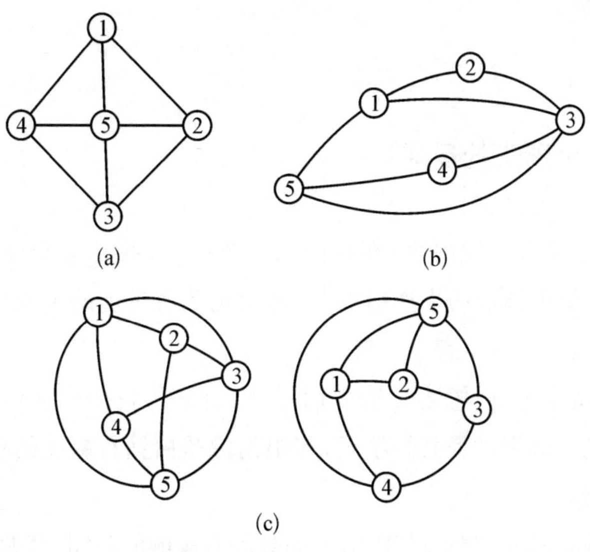

用图来表示区域的相邻

我把领土用一个包含数字的小圆圈表示，如果两个领地有接壤，我就用一条弧线连结代表这领土的小圆圈，结果我得到了上图。的确这些图都反映国王的愿望不能达到，图中的(a)只有老五能和所有哥哥的领地连通，其他的兄弟却少了一个连通。(b)(c)都是。

“为什么(c)有两个图呢?”小王子询问。

“哦！这两个图是一样的，只不过是左边的图有老三和老四的连线会和老二及老五的连线相交，我在右边把老五的位置稍微改变，这样我画的图就没有连线相交的现象。”

啊！我突然想起了国王的问题是应该可以解决的。我曾经介绍过一个波兰数学家在 50 年前发现一个判别图是否能画在平面上而没有连线相交的方法。

“小王子！请你把我带去见国王，我已经知道这个问题的答案了。”

“是吗？这样好，您现在闭上眼睛不动，我就把您带上那个国王的星球去。”

只有一个国王的星球

小王子握住我的手，在我的头上摸一下，我整个身体就缩小了，最后缩至像他的小拇指那样，他就把我放进他的上衣口袋，于是我们从窗口飞出直上云霄。

我实在好奇，想要知道外面是什么样子，我把头从口袋中伸出，只见到处都是美丽的星星，那银河像是由钻石缀满的项链，高挂在天幕上。

我们来到一个小星球，那上面到处有美丽的公园，公园有许多国王和王后的雕塑像。我们进入皇宫，小王子把我介绍给国王。

我对国王说：“至高尊贵的国王，在我所生活的地球上有一个著名的戏剧家，他名叫莎士比亚。他曾经这么说：‘我可以局限在一个小房子里，而认为自己是无穷空间的国王’。

每个人由于生活环境的限制，他所看到的和所理解的空间及事物往往不一样，主观看法不一样对同一事物就会有争论。

我的祖先最初视野不大，以为他们生活的地球表面是平的。有一天，有一个人要到南方某地方，他的马车却往北跑，人们笑他是‘南辕北辙’，一定不会到达目的地，其实很可能这个人早知道地球是圆的，只要往北走是可以走到他所要到的南方某地。”

“是的，我们这里以前的人也是以为我们的星球是平面的。”国王对我说。

“这是不奇怪的事。我现在剪下3张很薄的纸，我把它们的边缘黏起来。你可以看到我得到3个不同的曲面。

您知道第一个曲面像一个椭球面，第二个曲面是圆柱面，第三个是一个环面。我们现在可以看出它们是不一样的。假定我们生活在这些曲面上，而且我们的身体不断地缩小，小到平贴在表面上。这时我们在这表面上举目四望，我们觉得我们是生活在一个平面上，而不知道它是椭球面、圆柱面，还是环面。”

三张纸做成不同的曲面

“我同意你的讲法，因为当我们变成渺小的生物，我们的眼界只能看很小的一个范围，我们不知道我们生活的空间真正是什么样子。可是这和我的问题有什么关系呢？”

“国王陛下，在不同的条件下，一些事物就可能有不同的发展和结果。在我的古老的国家有一个传说：一个老人要把挡在他家门前的一座大山移走，他带领全家老少每天去挖山，他认为一天挖一些，山不会增高，就算他在世时见不到山被移走，他的子子孙孙万代不竭地去挖这山总会被挖走。

可是如果我现在不是叫老人去移山，而是叫他移一条弧线，摆在他面前的是下面这样的一个圆。

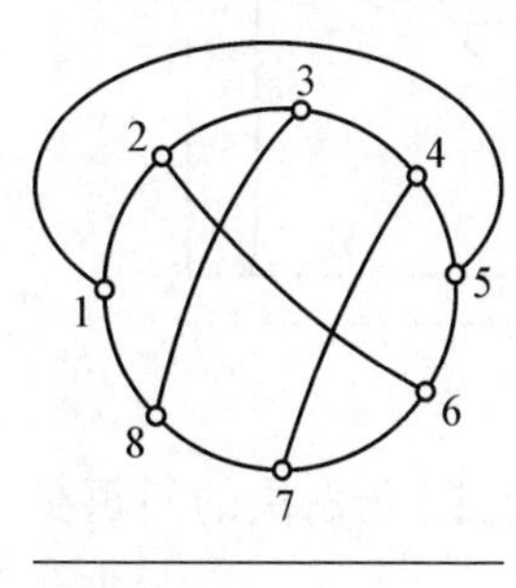

相交的弧线

连结顶点 2 和顶点 6 的弧会和连结顶点 3、8 及顶点 4、7 的弧相交。想象这些弧都是橡皮圈做成，我是否能把连结 2 和 6 的弧适当移动，使它保留在表面上又不和任何其他的弧相交？

我可以告诉您，这老人再加上他的万代子孙是不能在平面上解决这问题，因为不管他们怎样移动,都是没法子完成我的要求。”

我说完了就站在一边,让国王和他的臣子们去讨论,他们在那里争论了差不多半个钟头之后,国王最后说:“我相信你的话,我们是没法子解决这样的问题。”

“现在你们经过各种尝试,得到经验,知道这问题是不能解决,可是在环状星球的人看到这个问题时会哈哈大笑说:‘这是一个很简单的问题,我们三岁的儿童都能解决。’因为他们的生活环境和我们的不一样,对我们来说不能解决的问题,很可能就会变成可以解决的事了。”

“学数,你能不能告诉我他们是怎么解决?我想知道这结果。”

“好!现在你们看我在这两张长方形的白纸上把刚才的图重画一遍。我先画顶点,然后画弧线。再把长方形的边相对的黏合起来,这样我们的图变成在环面上了。顶点 1 和 5,及顶点 2 和 6 在这两个面上有不同的弧线连接,这些弧在环面上并不互相相交。”

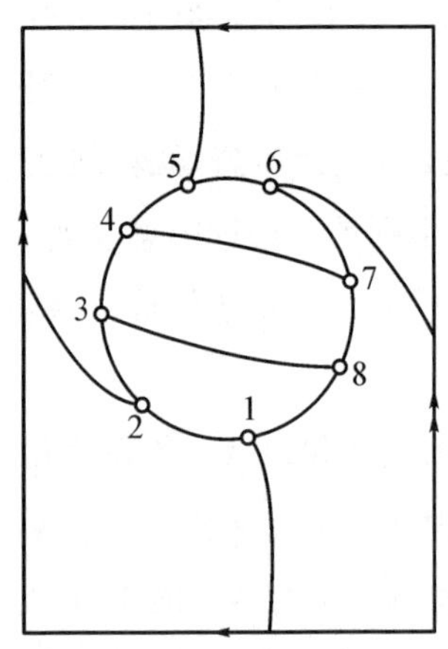

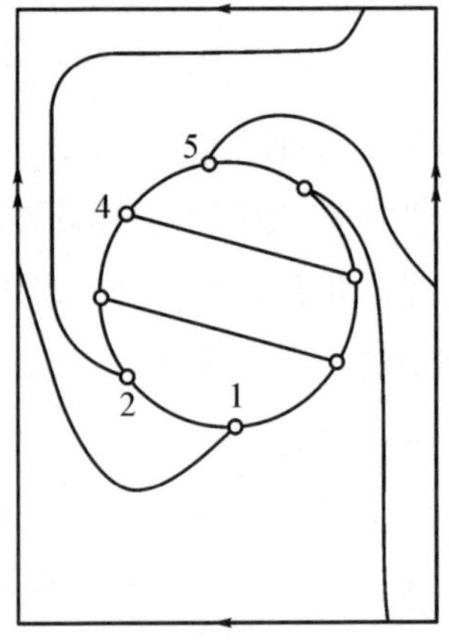

环面上一些弧线不再相交

小王子说:“这就是说在平面上生活的人们不能解决的问题在环面上生活的人却是能解决的。”

国王问题的解决

“是的，你说的很对。我就是要说明一个很简单的道理：任何人处在不同的环境和不同的时间，对一些事物的处理方式或了解就不一样。对于一些人看来是简易的东西，对另外的人可能就是深奥不可理解。对于一些看来是不能解决的问题，如果我们把考虑的立足点换一换，很可能就可以解决了。”

“那么我的王子分配领土的问题是否可以解决?”国王焦急地问。

“国王，您孩子的领土问题可以这样看，如果把每个王子的领地用标有 1,2,3,4,5 的小圆圈来表示，如果两个领地有接壤，我就用一条弧线连结起来。先看在平面上是否可能把任何一个顶点和其他顶点用弧相连而不相交？我们的地球上有一位名叫库拉托斯基(Kuratowski)的数学家在 20 世纪 50 年代后就证明这不可能。不管你怎样画和安排，这些图会和下图(a)一样，它们总是有弧会相交，可是我却可以在环面上安排，使这些弧不相交，请您看下图(b)。因此你们如果不想再对这问题伤脑筋，做不可能做的事，我提出一个卑微的建议，请你们找一个环状的星球，然后把你们的国土放弃，全部移民到那环状星球上去，这样你们领土分配的问题就

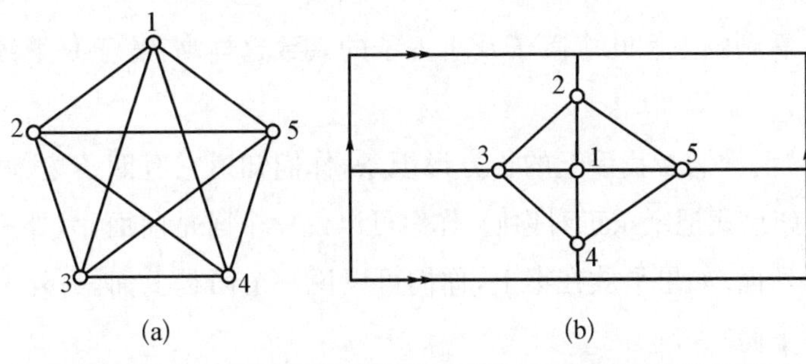

库拉托斯基定理

可以解决了。”

“等一等！学数先生，你只说这问题在平面上不能解决，或许在球面上是可以解决呢？”国王说。

我这时拿起笔在上图(a)上边画两条有箭头的弧线(如下图左)。然后拿剪刀沿着弧线剪，最后用浆糊把它黏起来，就像下图右所表示的那样。

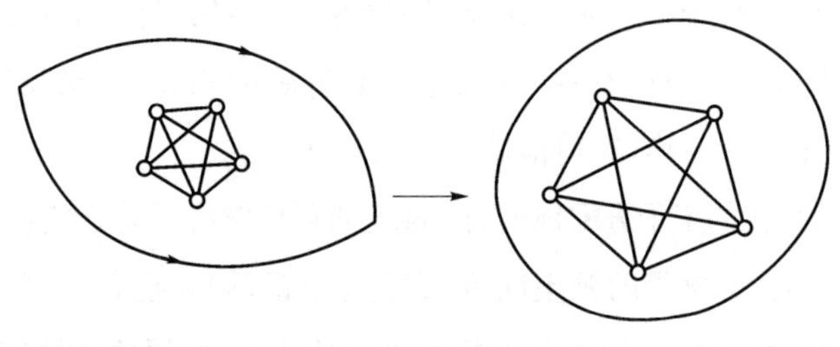

球面上的相交问题

“你看，我得到的是在球面上的图，它的顶点的相对位置不变，因此，在球面上这问题仍然是不能解决。”

“这真是奇妙的事，你能不能再告诉我一些关于曲面的新鲜事呢？”

只有一个面的纽带

看到国王和几个臣子及小王子的兴致这样高，我于是继续讲下去。

“请你们看我手上的长方形纸条，你们知道它有四条边、两个面：如果我把纸条正对你们，你们可以说一个面是前面，另外一个面是后面；如果平放在桌上，你们可以说一个面是上面，另外一个面是下面。

如果我手上拿的是圆球或是一个玉环，你们也可以说是有两个面,一个在里面,一个在外面。因此我们会以为所有的曲面都有两个面,对不对?"

大家都点点头。我把手上的纸条扭了一下,然后把头尾两端黏好,我得到了只有一个面的曲面。

"现在你们可以看到这个曲面只有一条边,你们如果不相信可以用手摸,它不像圆柱面是有两条边。还有更巧妙的事是这个曲面只有一个面!"

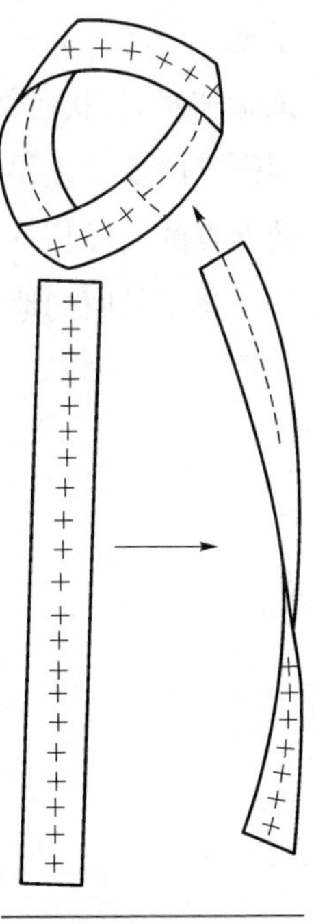

只有一个面的曲面

国王摇摇头:"我看到是两个面。"

"这是你的眼睛在欺骗你,而且你以前固有的看法认为曲面应该是有两个面而使你不容易接受这个事实。你怎样证明圆柱形有两个面呢?你会说很容易,我可以在一面上涂上红色,另外一面上涂上蓝色,这样就很明显地看出两个面来。好!现在请你用红色彩笔把我这个纽带涂色,你会看到不同的结果。"

国王涂色之后说:"哎呀!果然是只有一个面,我现在得到一个全红的纽带!"

我拿了原先做好的圆柱面纸圈,沿着中间那个平行于两条边的大圆剪,得到了两个圆柱面。

"你们能不能猜想:当我用剪刀把这个只有一面的纽带,顺着其中间平行于一边的线剪,我会得到多少个纽带?"

其他的人都异口同声地说:"两个!"

我把剪刀交给国王去剪纽带,他剪完之后以为可以分成两个纽带,实际上却没有分开,得到的是一个长条纽带。

国王看了目瞪口呆,喃喃自语:"这是怎么一回事?"

我再做了一个纽带,然后对国王说:"如果你沿着距离边为纸条宽三分之一的一条线剪,你会得到不同的结果。我就让你们去试验和研究,我已经很疲倦了,我想回我的小房子去做我的无穷空间国王的梦了。再见了,国王和大臣先生们!再见了,你们这些可爱天真的人民!"

我于是回到地球上。

5 从数学转到语言学的赵元任

现在不像从前，怎见得将来总像现在。

——赵元任

肚子不痛的人，不记得有个肚子。国民爱国的国里，不常有爱国运动。

——赵元任

要作哲学家，须念不是哲学的书。

——赵元任

有钱未必有学，可是无钱更求不到学。物质文明高，精神文明未必高；可是物质文明很低，精神文明也高不到哪儿去。

——赵元任

赵元任（1892—1982）是国际著名的语言学家。一些人尊称他是“中国语言学之父”，他曾当过全美语言学会的会长。晚年是加利福尼亚大学伯克利分校的语言学教授，他是中国近代语言学的奠基人之一。

他最初学数学，以后搞哲学、物理，兴趣还涉及天文学、摄影、地质学、心理学，他对音乐、戏剧也有研究,是个多才多艺的人。

他住在美国40多年,晚年回中国看望,对他的学生和著名的语言学家王力教授表示有回国定居的打算,清华大学也做了一些安排,可惜此愿未遂,他在1982年2月24日去世,享年89岁。

他在留学美国时,写了《中西星名考》《永流电》《永动机》《海皇星的发现》《催眠术解惑》《生物界物质与能力代谢之比较》的论文。以后在国内也作《劳动歌》《织布谣》等富有生活气息的歌。

他一生任教63年,真是一位可敬的教育工作者。

名门之后

赵元任是江苏武进人,生于天津。他的祖先是中国的著名史学家赵翼。

他13岁父母双亡,便去苏州,投靠姨母为生。一年后回常州读书,以后进入南京高等师范学校。

1901年他考取清华大学庚子赔款留学美国,去美国之前,想学电机工程,后来受了胡敦复的影响,兴趣转向"纯粹科学"。

他到康奈尔大学读书时,是以数学和物理为主。

他曾说:"算学就是算学,并无所谓中西,断不能拿珠算、天元什么跟微积、函数等等对待,只有一个算学,不过西洋人进步得快一点,他们是世界上暂时的算学先生,咱们是他们的暂时的算学学生……要是中国出了算学家,他是中国人算学家,并不是'中国算学'的专家。"

1914年,赵元任为了想"科学救国",和杨铨、任鸿隽组织了"科学社",宗旨是"提倡科学,鼓吹实业,审定名词,传播知识"。又为社的刊物《科学》写稿。为了支持这杂志的发行,以汤和苹果、饼干当午餐,省下的钱当作活动费,最后竟得了营养不良症。

以后赵元任虽写了一些数学论文并取得物理博士学位，可是最后却改行转去搞语言研究。

语言天赋惊人

赵元任的语感很好，记忆惊人。在国内时，有一次他与来自讲不同方言的八位人士聚餐。席间大家言谈甚欢，元任请他们不用国语，而用各自的方言讲话，赵元任就仔细听这些南腔北调，他能听懂他们的方言。过不久，他再请这八位朋友来聚餐，他竟然能与同桌的八人用八种不同的方言对谈！

赵元任在他的《早年自传》里记录了他在1921年当罗素(Bertrand Russell, 1872—1970)翻译的故事，也显露了他的语言天赋：

“在上海短暂停留后，我和罗素一行经杭州、南京、长沙，然后北上北京，沿途趣事颇多。在女子高等师范讲演的时候，人们兴趣浓厚，有1 500人挤不进讲堂，那个年头并没有有效的音响设备将讲词播放于场外。我利用这种机会演习我的方言。

在杭州，有名的西湖便在城外，我以杭州方言翻译罗素和勃拉克的讲词，杭州方言实际上是一种吴语，因曾是南宋(1127—1279)国都，故带官话语汇。

在我们去湖南长沙途中，在江永轮上有杨瑞六，他是湖南赞助人之一，我从他那里学了一点湖南方言。

10月26日晚，我翻译了罗素的讲演，讲完后，一个学生走上前来问我：‘你是哪县人？’我学湖南话还不到一个星期，他以为我是湖南人，说不好官话，实际上我能说官话，而说不好湖南话。

次日有几次集会和餐会，我得有机会晤见蔡元培和比我年轻的同乡吴稚晖。在湘督谭延咏请宴席上，我为谭翻译，杨瑞六则为罗素翻译……”

1984年中国社会学家费孝通教授在一次座谈会上谈起赵元任的往事,说了赵元任学方言的一个故事:著名的作家吴组缃20世纪30年代时在清华大学中国文学系读书,正好赵元任任教。

第一堂课赵元任点名,看到吴组缃的籍贯是安徽泾县。上完课后,赵元任就找吴组缃和他交谈,并请他到家中作客。就这样吴组缃以后每天下课就到赵家吃饭,赵夫人做好饭菜招待他,而赵元任就虚心地向组缃求教安徽方言,一点没有老师的架子。

一星期之后,赵元任就掌握了吴的家乡方言。赵元任就是这样随时学习研究中国语言,不耻下问,谦虚向学,靠这种聚沙成塔、集腋成裘的刻苦精神才成为语言大师。

赵元任精通汉语,能说30多种方言,对外文也很在行。他自己说:“在应用文方面,英文、德文、法文没有问题。至于一般用法,则日本、古希腊、拉丁、俄罗斯等文字都不成问题。”

有一次他去法国巴黎大学参加会议,他在索邦用法语演讲,用纯粹的标准法国语音,有听众跑来恭贺他“你的法语说得真好,你的法国音比法国人说的还要标准”。

有一次他把几种语言的词编成了一个故事:“从前有一个老太婆,初次跟外国人有点接触,她就稀奇得简直不相信。她说:他们说话真怪,明明是五个,法国人偏偏要说三个(cinq,法语‘五’,音像中文的‘三’);明明是十,日本人偏偏要说是九(じゆろ);明明是水,英国人偏偏要说是窝头(water)。”

他创编了一首绕口令,非常有名:

“石室诗士施氏,嗜狮,誓食十狮。施氏时时适市视狮。十时,适十狮适市。是时,适施氏适市。施氏视十狮,恃矢势,使是十狮逝世。氏拾是十狮尸,适石室。石室湿,氏使侍拭石室。石室拭,氏始试食十狮尸。食时,始识是十狮尸,实十石狮尸,试释是事。”

胡适是证婚人

1910 年胡适(1891—1962)刚满 19 岁,和赵元任一同考取了庚子赔款第二批留学生。他们一起从上海乘船到美国旧金山,然后一起到美国东部的康奈尔大学读书。

赵元任个性沉默、害羞,不大讲话,而胡适却很健谈,爱辩论,自信心极强,风头甚健。出国考试的成绩,赵元任总平均分 79.27,名列第二,胡适是 59.4,名列第 55。

最初在康奈尔大学,他们是同系同班,在学校外租的房子很靠近,课余时常一起切磋功课,他们还创办了一个刊物,大家一起写文章,大学毕业后,他们共同进入康大研究院深造一年,同时获硕士学位。第二年,胡适进入哥伦比亚大学,赵元任则转进哈佛大学哲学系。

在念博士学位期间,他们和胡明复、任鸿隽创办了《科学》杂志中英文版。

1918 年胡适回北京大学教书,1919 年初夏,一些爱国知识分子和学生发起了"五四运动",这时赵元任回到北京,在清华大学担任数学教授。

1922 年 6 月 1 日,赵元任 29 岁,和 32 岁的杨步伟结婚。杨步伟说:"结婚就结婚,要简单,不要任何仪式。"他们当天请朱征(步伟的同学)和胡适(元任的同学)来吃饭,吃完饭后说:"今天我们有一件事要麻烦你们二位。"说完就拿出一张他们写的结婚证书,要请他们两人做证人签字。

胡适后来回忆这件事说:"那是 1922 年 6 月 1 日,赵和杨突然下一请柬,请我吃饭。我心里暗自奇怪,莫非他俩要结婚了?于是我准备送礼,我用报纸包了一部自己圈点过的《红楼梦》,到了赵家,见杨步伟小姐正指挥工友擦地板和整理书架,当时朱小姐也在场。

四人同桌吃饭,吃得差不多时,赵先生从抽屉里取出结婚证书说:'请你们两位替我证明一下。'

而我签证以后,也就把报纸包打开,以《红楼梦》作贺礼。"

胡适在日记上写,赵元任和杨步伟的结婚是"世界——不但是中国——的一种最简单又最近理的结婚式"。

赵元任和杨步伟的这种简单结婚不铺张不浪费,是否值得后人学习?

后来胡适居住在纽约,有一批中国古籍想赠给赵元任,但赵由于居住的环境不能摆放只好作罢没有接受。

赵元任(右)与杨步伟在美国的生活照

胡适在1962年2月24日因心脏病而去世,而23日杨步伟在家里不知不觉把一朵花放在胡适的照片前,结果第二天就听到胡适去世的消息。50年的好友去世,令他们悲痛不已。

吴坤涂教授(也是胡适的好友)在25日去伯克利大学宿舍区Cramcon Av. 1059号的赵元任的房子探望他,杨步伟说:

"适之死了,啊!他这么快就过世了,他不久前还来信说让我们放心……我似乎有预感,你看,你们看这张照片,我前天从一本书中翻出来,顺手放在案上,又顺手在他的照片前放了一朵白花,这是莫名其妙的举动，他竟死了。”

那相片是胡适的五彩六寸像，上面写道：“这是我 69 岁的照片，石澂洗印赠我的，给元任、韵卿惠存，适之。”

元任的书架上挂了一个镜框，上面是胡适给元任的诗：

“万松岭上一间屋，老僧半间云半间，

三更云去化山雨，回头方羡老僧闲。”

下款：“南松一个诗僧的小诗，给元任韵卿正字，适之。”

后来杨步伟写了一篇《我记忆中的适之》，情文并茂，读了无限凄然。

第一个大弟子王力

中国著名的语言学家王力是赵元任的第一大弟子。

1926 年夏天，赵元任执教的北京清华国学研究院第二届招生。当时全国招生只收 32 名研究生，学生报考需具备三个条件：一、大学毕业生；二、曾在中学任教五年的教员；三、从名师研究有心得者。

当时王力是在以章太炎为校长的国民大学读了两年书，第一条就不符合。在 1921 年任初小教员，半年破格升任高小教员，只有三年小学教师的资格，从未当过中学教师，第二条也不符合。

王力想他在国民大学读书，章太炎挂名校长，从未到校上过课，他只有在开学典礼远远看到过章太炎，只好以从名师章太炎研究去报名。他报名心切，捏造了这个“太炎弟子”的资格，果然清华没有查证，就让他报考。后来顺利过了考试关，进入研究院成为第二届的研究生，这一届的四位教授是：梁启超、王国维、赵元任及陈寅恪。梁启超教《中国通史》；王国维讲《诗经》《尚书》和训诂学；赵元任讲《音韵学》；陈寅恪讲《佛教文学》。

影响王力最深的是赵元任。他讲音韵学着重将历史比较法用到汉语史的研究上,用现代的科学理论和科学方法来研究汉语。他鼓励王力学好外语,他说:“西方许多科学论著都未译成中文,不学好外文,就很难接受别人的先进科学。”于是王力决心去学外文。

王力的毕业论文《中国古文法》的指导教授是梁启超和赵元任,论文的头两章《总略》和《词的分类》有不少创见,如区别死文法和活文法,词的本性和维性的说法。

梁启超对王力的一些创见非常赏识,说他“精思妙语,可为斯学辟一新途径”,并有像“开拓千古,推倒一时”的眉批。

可是赵元任却对他的论文没有一句称赞的话。他用铅笔写了眉批,专挑文章的毛病,批评王力论文的论证、论据不正确,希望王力在做学问能务实,不要轻易没有调查就下断语。指出“言有易,言无难”,王力后来说:“赵先生的一句话,我一辈子受用。”

他毕业之后去见赵元任夫妇,请教应该去哪里。赵元任说:“依我之见,你应该到巴黎去,到那里你将学得许多语言学的知识。”

以后王力就留学法国,最后成为一名语言学专家。

在清华大学校庆70周年座谈会上王力说:“赵元任可以说是中国第一代语言学家,我学语言是跟他学的,我后来到法国去,也是受他的影响。”

“教我如何不想他”

在1925年,赵元任和刘半农、黎锦熙、汪怡、钱玄同、林语堂等在上海组织“数人会”。会员从事语言、字、声、乐律研究,及推行国语运动。刘半农是《新青年》编辑,是五四时期著名的白话诗人，也是语言音韵学专家。有一天赵元任看到刘半农写的一首诗：

天上飘着些微云，地上吹着些微风。
啊！微风吹动了我的头发，
教我如何不想他？
月光恋爱着海洋，海洋恋爱着月光。
啊！这般蜜也似的银夜，
教我如何不想他？
水面落花慢慢流，
水底鱼儿慢慢游。
啊！燕子，你说些什么话？
教我如何不想他？
枯树在冷风里摇，
野火在暮色中烧。
啊！西天还有些儿残霞，
教我如何不想他？

他觉得这诗很美，于是就谱了曲。1936年百代出了这首歌曲的唱片，这首歌马上流行起来，在抗战时期有一段时间是重庆最流行的一首歌曲，一些上了年纪的中国人可能会唱这首歌。

1981年中国社会科学院邀请赵元任回国访问。他去北京、南京、上海及故乡常州。北京大学授予其名誉教授证书。

在北京时刚好是清华大学创校70周年纪念，人们请他唱“教我如何不想他”这首歌，他唱完后还讲关于这首歌的故事。在60年前，赵元任有一个年轻的朋友，很想看写这歌词的作者，有一天刘半农来拜访赵元任，恰巧这位年轻朋友也在他们的家，赵元任夫妇就介绍刘半农给这位朋友：

“这位先生就是‘教我如何不想他’的他。”

这青年看到刘半农大感意外,说:“原来是一个老头!”

大家看着这个错愕的青年大笑不止。

刘半农也啼笑皆非,于是写了一首打油诗:

“教我如何不想他,请进门来喝杯茶,

原来如此一老叟,教我如何再想他!”

1933年7月刘半农病重去世,赵元任写了下面的挽联:

“十载奏双簧,无词今后难成曲。

数人弱一个,教我如何不想他?”

1924年刘半农在巴黎苦读博士学位,赵元任夫妇看望他,两人结成好朋友,而且刘开玩笑要元任的女儿如兰做他的童养媳,叫他的儿子向杨步伟磕头叫丈母娘。1925年3月17日刘半农考博士口试,元任还替他照相,因此在挽联写“十载奏双簧”。

翻译《爱丽丝奇遇记》

赵元任是最早翻译英国著名的童话《爱丽丝奇遇记》的中国人。此书1922年出版,是中国早年的白话文学中一部重要的译作。

这本书的作者是英国牛津大学的数学家,教逻辑学,真名叫查尔斯·勒特威奇·道奇森(Clarles Lutwidge Dodgson, 1832—1898),笔名是刘易斯·卡罗尔(Lewis Carroll)。道奇森喜欢拍摄儿童相片,喜欢和小朋友讲故事,有一次他向邻居的利德尔主教的小女孩等讲一个小女孩爱丽丝(Alice)的幻想探险故事,事实上爱丽丝是以利德尔主教的女儿作模特儿。

有一次他和主教的小女孩及其他两个小孩在黄昏的湖上

荡舟，小孩们要求这位数学家讲故事，而其中一个小女孩要求在“故事里有些傻话”，于是他编造了爱丽丝与鸟兽们闲谈，她的一些奇妙的旅行，把孩子们带进幻想的乐园及神秘的奇境。

小女孩回家告诉了主教，主教觉得作者想象力丰富，故事生动有趣，就要求道奇森把故事写下来，在主教的要求下，道奇森就动笔写，在书的开头他写道：

但是讲故事的人已经疲乏，
他不得不把他的故事，
暂时告一终结。
快活的小嗓子齐声叫道：
“下回再来一节，下回再来一节！”
就这样形成了我的故事，
慢慢地一段接着一段，
一点点地构成了奇妙的情节，
终于把故事讲完。
我们一起返航，
斜阳照耀着一群快乐的伙伴。
爱丽丝！请你接受这小小的故事。
用你温柔的小手，
把它藏在交织着童年梦幻的
神秘王国里头，
像流浪者从遥远的地方
采摘回的凋谢的花球。

赵元任在20世纪20年代由商务印书馆出版了他的译本，过后又译了《爱丽丝镜中奇遇记》。这两本书译成中文不容易，感谢他流畅的译笔为中国儿童提供了世界儿童名著。他自己也成了“刘易斯·卡罗尔”的专家，逝世前还被邀参加卡罗尔的研究年会。

谱写许多爱国歌词

1926年3月18日，北京学校的学生为了反对日本帝国主义侵犯中国主权，在天安门集合，向段祺瑞政府请愿。

段祺瑞政府的军警开枪，杀死47人，有150多人受伤，刘半农对这惨案非常愤慨，写了一首《呜呼！三月十八》的诗。赵元任为这首诗谱写了曲子。

1987年上海音乐出版社出了《赵元任音乐作品全集》。我们看到了他谱写的许多抗日爱国歌曲，如陈济略词的《看，醒狮怒吼》、陈礼江词的《抵抗》以及张汇文词的《我们不买日本货》，乐曲慷慨激昂，令人热血沸腾。

1937年“八一三淞沪战争”期间，赵元任被坚守在四行仓库的八百壮士的行为所感动，利用美国国歌的曲调，自己填了一首《苏州河北岸上的大国旗》，里面有：“愿同胞跟随那团壮士，不问你我他，一齐上前把敌杀，保我自由中华。”

在哈佛大学教书的赵元任的大女儿赵如兰教授，在《赵元任音乐作品全集》里发表了《我父亲的音乐生活》，指出赵元任也写一些所谓家庭歌曲：

“在1928至1933年之间，父亲写了许多可以称之为家庭歌曲的作品，因为这些作品主要是为了我妹妹新那和我同他一起唱着玩的……

不管我们在什么地方，一有机会父亲就掏出小本子和我们一起练习唱这些歌。”

著作等身

在20世纪二三十年代，他灌制了许多有关语言方面的唱片，单是华中、华南各地方言的录音唱片，就有两千多张。胡适在《赵元任国语留声片序》中说："如果我们要用留声机片来教学国音，全中国没有一个人比赵元任先生更配做这件事。"

有一次他和太太从欧陆回国，在香港停留。他们去一间鞋店买鞋，元任用国语和老板交谈，老板竟然说元任的国语讲得不好，建议他去听"赵元任灌制的国语唱片"。杨步伟指元任说："这就是灌制唱片的赵元任。"而鞋店老板却不相信，以为是开玩笑。

1922—1948年，他发表的语言专著有14种，论文有21篇。1948年之后，他用英文写了《中国语字典》《粤语入门》《中国语语法之研究》《湖北方言调查》等专著。

在1965年退休之后他出版了《语言学跟符号系统》《中国语文法》《白话读物》及《绿信》(*Green Letters*)五册，用给友人书信的形式，记述自己的理想、感情和生活。

他认为日常生活用的汉字只要两千个就够了，于是将《康熙字典》的两万多字，浓缩成两千字的字典《通字》。

他在1948年的《国语入门》里讲到语尾助词"吧"字，很幽默地举例子说明不要和"王"、"鸡"这两个字合用。

如：问人姓时，不要说："你姓王吧？"

在请人吃鸡时，不该说："请你吃鸡吧？"

难怪胡适在《赵元任国语留声片序》中，说赵是个"滑稽的人，生平最喜欢诙谐风味，最不爱拉长了面孔整天说规矩话"。

我们现在翻看《胡适留学日记》，有许多称赞赵元任的话。

1914 年 5 月 12 日记：赵元任与其他三位同学获选为 Sigma Xi 学会荣誉会员，“成绩之优，诚足为吾国学生界光宠也。”

“元任辨音最精细，吾万不能及也。”

1916 年 1 月 26 日记：“每与人评论留美人物，辄推常州赵君元任为第一，此君……治哲学、物理、算学皆精。以其余力旁及语学、音乐，皆有所成就。此人好学深思，心细密而行笃实，和蔼可亲。以学以行，两无其俦，他日所成，未可限量也。”

胡适在 1939 年 9 月 22 日写道：

“元任是稀有的奇才，只因兴致太杂，用力太分，其成就不如当年朋友的期望。”

去世

1982 年 1 月 26 日，赵元任突发心脏病，进入麻省坎布里奇的一所医院，在 2 月 24 日去世，去世的这一天和胡适忌日是同月同日。

他在去世的前一天，床头有一本《唐诗三百首》，他用沙沙的嗓子，用常州音读“……星垂平野阔，月涌大江流……”

他遗嘱是和杨步伟一样采取火化，不要举行任何丧事的典礼，以后同步伟的骨灰一起撒在太平洋里。

6 代数趣谈

——牛顿二项式定理和贾宪三角形

古时候的中国、埃及、巴比伦、印度的劳动人民，通过以下的几何图形，认识了这个公式 $(a+b)^2=a^2+2ab+b^2$。它是公式 $(a+b)^n$ 的特殊情形。这公式在科学上很有用，而在初中我们学到怎样算 $(a+b)^n$，这里 n 是较小的正整数。如：

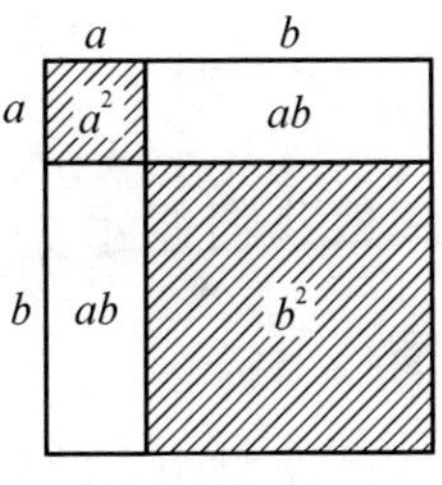

图证数学公式

$$n=1,\text{我们有}(a+b)^1=a+b$$

$$\begin{aligned}n=2,\text{我们有}(a+b)^2&=(a+b)(a+b)\\&=a(a+b)+b(a+b)\\&=a^2+2ab+b^2\end{aligned}$$

$$\begin{aligned}n=3,\text{我们有}(a+b)^3&=(a+b)(a+b)^2\\&=a(a^2+2ab+b^2)+\\&\quad b(a^2+2ab+b^2)\\&=a^3+3a^2b+3ab^2+b^3\end{aligned}$$

是否有较快的方法，写下 $(a+b)^n$ 的展开式呢？

有的，请看下面的方法，这方法的原理和上面的展开方法是一样的，但容易看出来：

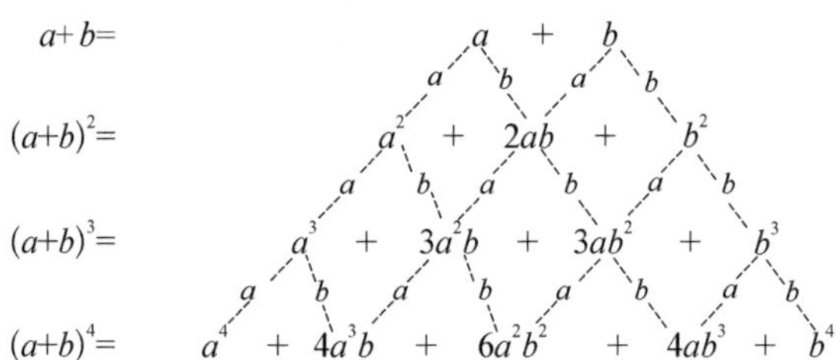

我们用符号 $n!$（读 n 的阶乘）来表示乘积 $n\times(n-1)\times(n-2)\times\cdots\times 3\times 2\times 1$。然后用符号 $\begin{pmatrix}n\\r\end{pmatrix}$（这是大数学家欧拉采用的符号）来表示 $\dfrac{n!}{r!\,(n-r)!}$，也就是 $\dfrac{n\times(n-1)\times(n-2)\times\cdots\times(n-r+1)}{1\times 2\times 3\times\cdots\times r}$。

一般我们假定 $\begin{pmatrix}n\\0\end{pmatrix}=1$，明显有 $\begin{pmatrix}n\\n\end{pmatrix}=1$。这里我们也要假定 $0!=1$。

17 世纪末的英国科学家牛顿（I. Newton）发现了二项式的一般展开式可以写成：

$$(a+b)^n=a^n+\begin{pmatrix}n\\1\end{pmatrix}a^{n-1}b^n\cdots+\begin{pmatrix}n\\n-1\end{pmatrix}ab^{n-1}+b^n$$

$$=\sum_{k=0}^{n}\begin{pmatrix}n\\k\end{pmatrix}a^{n-k}b^k$$

这结果一般数学书称为牛顿二项式定理，这是代数上的一个基本和重要的定理。

今天我们就从这个定理出发，谈谈一些数学故事。首先我们提到的是一个 17 世纪科学界的风云人物。

富有传奇色彩的帕斯卡

帕斯卡(Blaise Pascal，1623—1662)是法国著名的科学家，我们在中学学到的水压机原理就是他发现的。他的著名实验证明了空气有压力，轰动法国一时。那时他才23岁。在物理上他奠立了流体静力学的基础理论。在数学上他的贡献也不少。

帕斯卡很小的时候母亲就去世了，由在税务局工作的父亲教育他及姐姐妹妹。父亲是一个数学爱好者，常和一些懂数学的人交往，可是他认为数学对小孩子是有害且会伤脑筋，因此孩子应该在15～16岁时才学习数学。这之前就学一些拉丁文或希腊文。因此在帕斯卡小时父亲从来不教他学习数学，只是教他一些语文和历史，而且帕斯卡的身体也不太强壮，父亲更不敢让他接触到数学。

帕斯卡在12岁的时候，偶然看到父亲在读几何书。他好奇地问几何学是什么？父亲为了不想让他知道太多，只是大约讲几何研究的是图形如三角形、正方形和圆的性质，用处就是教人画图时能作出正确美观的图。父亲很小心地把自己的数学书都收藏好，怕帕斯卡去翻动。

可是帕斯卡却产生了兴趣，他根据父亲讲的一些几何简单知识，自己独立研究几何学。当他把他的发现——“任何三角形的三个内角和是一百八十度”的结果告诉父亲时，父亲是惊喜交加，竟然哭起来。父亲于是搬出了欧几里得的《几何原本》给帕斯卡看。帕斯卡才开始接触到数学书籍。

他的数学才能显得很早熟，在13岁的时候就发现了所谓“帕斯卡三角形”。还不到16岁他发现了射影几何学的一个基本原理：圆锥曲线的内接六边形对边的交点共线。在他17岁时利用这定理写出了有400多个定理的关于圆锥曲线的论文。解析几何的创建人笛卡儿(R. Descartes)读到这论文时不相信这是一个少年所写的。

在19岁时他为了减轻父亲计算税务的麻烦,发明了世界上最早的计算机,不过只有加减的运算。但是所用的设计原理,现在的计算机还是用到。

数学上的数学归纳法是他最早发现。

可是在1654年11月的一天,他在巴黎乘马车发生意外,差一点掉进河里去,他受惊后觉得大难不死一定有神明庇护,于是决定放弃数学和科学去研究神学了。只有在偶尔牙痛时才想些数学问题,用这个方法来忘记痛苦。

后来他更极端,像苦行僧一样,他把有尖刺的腰带缠在腰上,如果他认为有什么不虔敬的想法从脑海出现,就用肘去打这腰带,来刺痛身体。帕斯卡不到39岁就去世了。

帕斯卡非常接近发现微积分理论。德国数学家莱布尼茨后来写道:他读到帕斯卡的著作,使他像触电一样,突然悟到了一些道理,后来才建立了微积分的理论。

帕斯卡在法国文学上地位也很高,读者对他的生平和文学工作如有兴趣,可以找吴达元著的《法国文学史》(商务印书馆)来看。

帕斯卡怎样得到他的三角形

据说帕斯卡有一天在一张纸上用1,1,1,1,…写了水平和垂直的数列,呈一个倒L形。

然后在第二行第二列的地方,他写上第一行的第二位数加上第二行第一位数的和,即1+1=2。然后他再把这数加上第一行第三位的数,得到2+1=3,这样继续下去,到9为止。

现在他把第三行的第一位数加上第二行第二位数,结果是3,填写在第三行的第二位里。这样他又把这个新数和第二行第三位

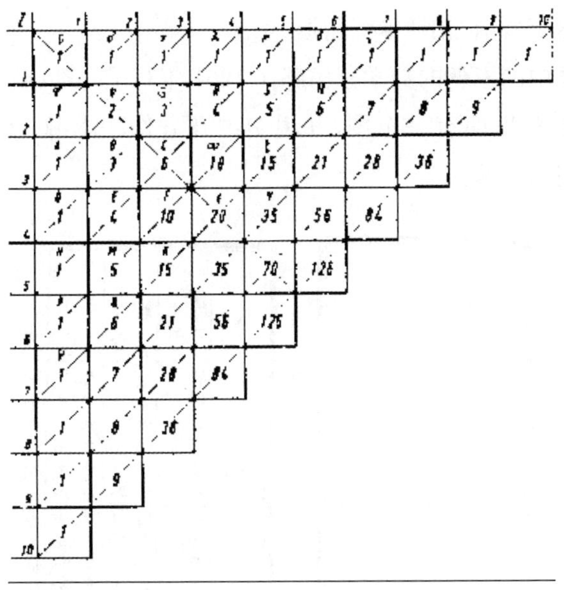

帕斯卡的三角形

数加在一起，把结果 6 写在第三行第三位。

他一直进行这种锯齿形的加法。最后他看到的图形就是上图。他发现这个图形有一个巧妙的地方，如果从左上角到右下角的方向画一条对角线，在这对角线两边的数以这条线为对称轴。

读者如果细心的话，会发现有一个以 Z 为一顶点的正方形，从右上角到左下角的对角线所经过的数字，恰好是牛顿二项式定理中 $(a+b)^n$ 展开的系数。

欧洲数学家就称这个三角形为“帕斯卡三角形”。可是后来人们发现比帕斯卡还早 100 年，有一个数学家名叫阿皮亚努斯(Petrus Apianus)在他著的数学书里就有这个图了，这书是在 1527 年印刷的。

中国人最早发现这个三角形

帕斯卡永远也不会想到中国人在他出生之前的 600 多年就已

经知道这个所谓“帕斯卡三角形”了。

原来中国宋朝的数学家杨辉在1261年写了一部叫《详解九章算法》的书，里面有一个图，并说明：“开方作法本源，出《释锁算书》，贾宪用此术。”

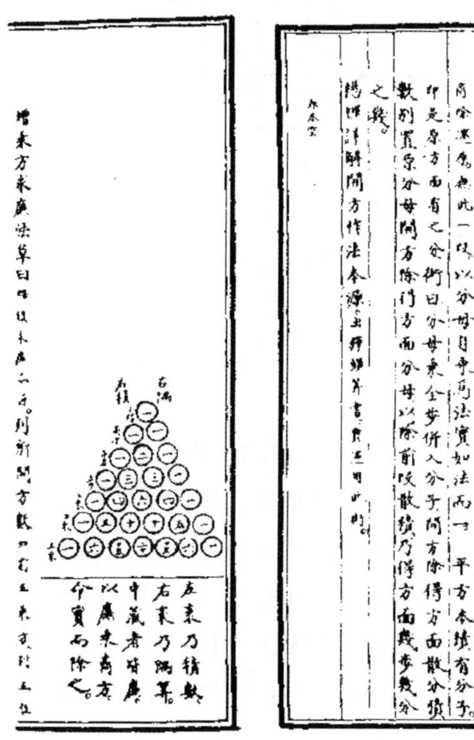

分母以命分子之數　再以借數還源術曰置方面全步以分母通之併
入分子自乘於頭又以分子減分母餘以分子乘之得數併入頭位爲實
商除不盡者此一段以分母自乘爲法實如法而一　平方本積有分子
即是原方面有之分術曰分母乘全步併入分子開方除得方面散分積
數別置原分母開方除得方面分母以除前段散積乃得方面全步數分
之幾
楊輝詳解開方作法本源出釋鎖算書賈憲用此術

左袤乃積數
右袤乃隅算
中藏者皆廉
以廉乘商方
命實而除之

杨辉的贾宪三角形（见《永乐大典》）

我们对贾宪的生平知道的不多，而《释锁算书》早已失传。只知道他是北宋时楚衍（1022—1053）的学生，这样看来贾宪比帕斯卡早600多年知道这个三角形。因此外国人称它作“帕斯卡三角形”，我们理所当然地该称之为“贾宪三角形”。

贾宪为什么会发现这个三角形呢？这里倒有一点历史可以谈谈。我们知道中国古代有一部内容丰富的数学书叫《九章算术》，后来祖冲之和唐初的王孝通推广了《九章算术》中开平方和开立方的方法，求得二次方程、三次方程的正根。贾宪就是在研究开立方的问题时发现了所谓“开方作法本源”，即“贾宪三角形”。进而他又发现了“增乘开方法”，我们现在中学学的开立方方法事实上就是这个方法。

贾宪的工作对后来的中国代数学家影响很大。在 1247 年秦九韶的《数书九章》和 1248 年李治的《测圆海镜》两书中，都用增乘开方法求得高次方程的正根。这个方法就是现在代数学中的所谓“霍纳法”。霍纳(W. G. Horner，1786—1837)在 1819 年才发现这个方法，这也比中国数学家迟了 500 多年。

除了杨辉的书有这个贾宪三角形，另外一本元朝朱世杰的书《四元玉鉴》也有这个贾宪三角形的图。这书出版于 1303 年。

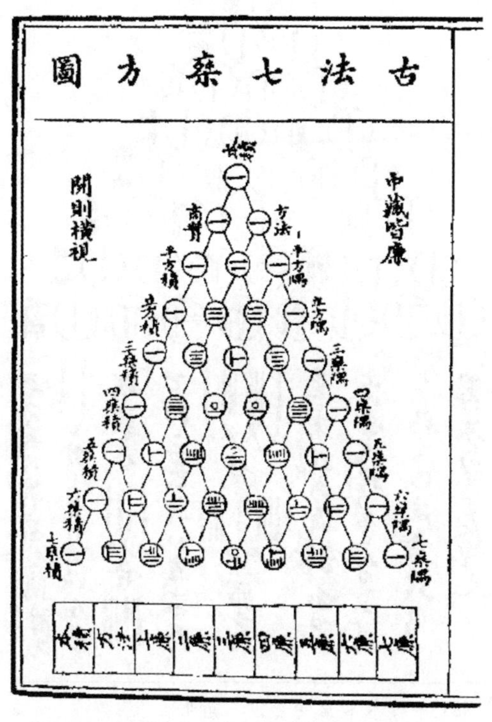

朱世杰 1303 年出版的《四元玉鉴》中的贾宪三角形

这个图告诉我们许多有趣的事：(1) 到了 14 世纪初中国仍旧是用筹算(珠算是在这时期发明)。(2) 中国人很早用 0 这个符号，请看上图里的四乘积及五乘积二行，10 和 20 分别用“$\underline{0}$”及“$\underline{\underline{0}}$”来表示。(3) 朱世杰已经知道了二项式八次乘方的展开式。

我们是否也可以把二项式定理改称为贾宪定理？因为贾宪毕竟是比牛顿早知道这些事实。

我们以前说过日本早期的数学很受朱世杰的工作的影响，这里我们影印了一部日本在 1781 年出版的数学书中关于贾宪三角形的图。用这图里的筹算的记号和朱世杰的书比较就明显地看出这图是来自中国，而不是日本人发现。

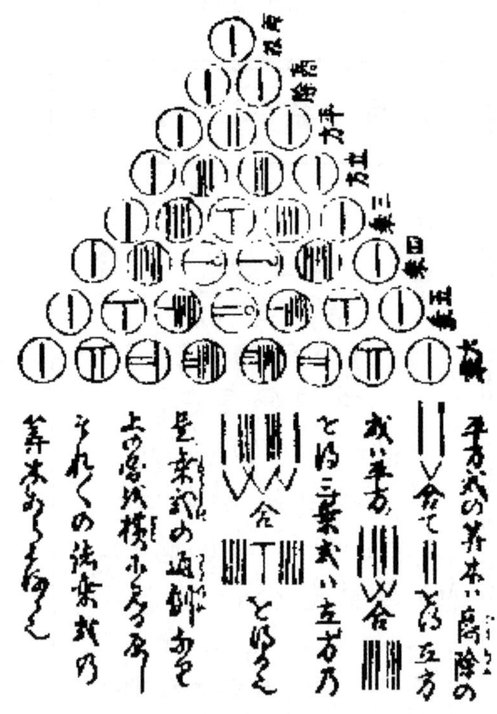

1781 年日本书里的贾宪三角形

贾宪三角的一些趣味性质

与帕斯卡同时期有一个法国著名数学家费马，他对数论的问题很有兴趣，而且和帕斯卡又很友好。费马三番五次要引起帕斯卡对数论也产生兴趣，这样他们可以一起研究讨论，可是帕斯卡从来对这门数学并不在意，也从来没有做这方面的研究，结果费马只好自己继续“孤军作战”。

可是他们同时却对一个问题产生兴趣，而且一起研究，结果奠立了一门数学的基础理论。他们感兴趣的问题是：丢掷一个铜板或者一粒骰子若干次，我们所期望的结果出现的机会是多大？能不能计算出来？

原来在当时欧洲的上层贵族阶级，平日不事生产，“饱食终日，无所用心”，闲来不是打猎、跳舞作乐，就是赌博，赌博的风气是很盛的。在长期赌博的过程中，人们发现这里面好像有一门“学问”，可是却不知道怎样去探讨。

帕斯卡和费马研究最简单的情形：掷铜板的游戏。一个铜板只有两面：头和花。我们用英文字母 T 代表花，H 代表头。

掷铜板一个一次出现的可能情形是：T、H。

掷铜板一个两次出现的可能情形是：TT、TH、HT、HH。

掷铜板三次出现的可能情形是：TTT、THT、HTT、TTH、THH、HTH、HHT、HHH。

在这类游戏中，我们并不关心头和花出现的次序而是它们的次数，因此我们把 TH 和 HT 看成是一样的，THT 和 HTT 及 TTH 是当作相同。又如果我们把 TT、TTT 简写成 T^2、T^3，那么我们看看掷铜板游戏的结果：

掷一次：　　　T　H

掷二次：　　T^2　$2TH$　H^2

掷三次：　T^3　$3T^2H$　$3TH^2$　H^3

掷四次：T^4　$4T^3H$　$6T^2H^2$　$4TH^3$　H^4

这就出现了贾宪三角形！

我们现在定义在一个试验过程(如掷铜板或投骰子等)中，一个事件发生的概率等于这件事件出现的次数和所有可能出现的事件的出现次数之和的比。这样一定发生的事件的概率是1，不可能发生的事件的概率是0。而一个事件的概率越接近1，其出现的机会就越大。

例如：我们掷一个铜板四次，出现两个头两个花的概率是6÷(1+4+6+4+1)。由经验我们知道这情形出现比出一个头三个花的情形多。

费马和帕斯卡就是由这些赌博游戏建立了一门数学分支即“概率论”的基础。这门数学有很大的应用价值，如在预报地震就会用到它。

贾宪三角形和牛顿二项式定理曾经是以前许多数学家研究的对象，到现在还有很多问题可以研究。

首先从二项式系数可以推广到复数的情形：

$$\binom{x}{y}=\begin{cases}\dfrac{x(x-1)\cdots(x-y+1)}{y!} & \text{当 } x \text{ 是复数}, y \text{ 是正整数}\\[2ex] 0 & \text{当 } x \text{ 是复数}, y \text{ 不是正整数}\end{cases}$$

清朝的李善兰(1811—1882)就发现一个很有用的结论：对于任何实数或复数x和y，以及正整数n，有

$$\sum_{j=0}^{n}\binom{x}{j}\binom{y}{j}\binom{x+y+n-j}{n-j}=\binom{x+n}{n}\binom{y+n}{n}$$

挪威19世纪的最伟大也是生活最潦倒的数学家阿贝尔在1826年推广了牛顿二项式定理，他的结果是

$$(x+y)^n=\sum_{k=0}^{n}\binom{n}{k}x(x-kz)^{k-1}(y+kz)^{n-k}$$

当 $z=0$ 时，就是二项式定理。这个证明是相当的难。

在近年一些数学家证明了在贾宪三角形里有这种“星的性质”：如果用 GCD 表示一组数的最大公约数，那么我们常有

$$\begin{aligned}&\mathrm{GCD}\left\{\binom{n-1}{k},\binom{n}{k-1},\binom{n+1}{k+1}\right\}\\=&\mathrm{GCD}\left\{\binom{n-1}{k-1},\binom{n}{k+1},\binom{n+1}{k}\right\}\end{aligned}$$

画成图是这样的：

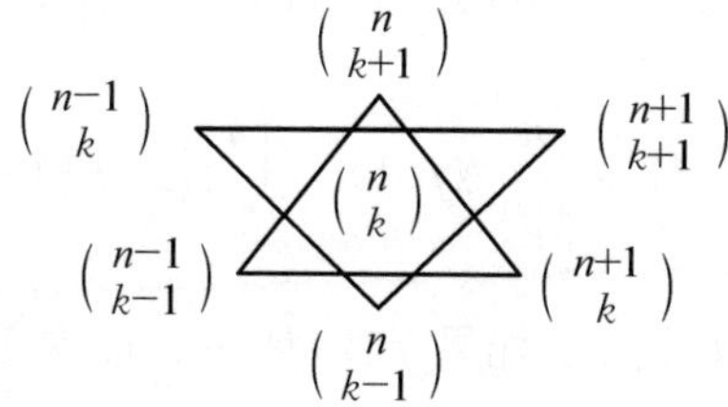

读者可以从贾宪三角形里验证。

“伯努利公式”和古代的“招差术”

17 世纪末的瑞士数学家伯努利(J. Bernoulli)发现了一个公式，在求高阶等差级数的和时，效用很大。这公式和二项式系数有关系。

如果 $f(x)$ 是 x 的实函数，那么 $f(x+1)-f(x)$ 称为 $f(x)$ 的差分，用 $\Delta f(x)$ 表示。$\Delta f(x)$ 是一个实函数，我们也可以再求它的差分，这差分就叫做 $f(x)$ 的二级差分，用 $\Delta^2 f(x)$ 表示，因此

$$\begin{aligned}\Delta^2 f(x)&=\Delta[f(x+1)-f(x)]\\&=f(x+2)-2f(x+1)+f(x)\end{aligned}$$

我们又用 $\Delta^3 f(x)$来表示 $\Delta^2 f(x)$的差分，叫做 $f(x)$的三级差分。显然有

$$\Delta^3 f(x)=f(x+3)-3f(x+2)+3f(x+1)-f(x)$$

依此类推，我们有了 $\Delta^{r-1} f(x)$ 这函数，就可以定义 $f(x)$ 的 r 级差分 $\Delta^r f(x)$，它是 $\Delta^{r-1} f(x)$ 的差分，而且我们有公式：

$$\Delta^r f(x)=f(x+r)-\binom{r}{1}f(x+r-1)+\binom{r}{2}f(x+r-2)-\cdots+(-1)^r f(x)$$

伯努利的求和公式是这样的：对任一函数 $f(x)$，则

$$\sum_{k=1}^{n} f(k)=\binom{n}{1}f(1)+\binom{n}{2}\Delta f(1)+\binom{n}{3}\Delta^2 f(1)+\cdots+\Delta^{n-1} f(1)$$

这个公式的好处是：如果 $f(x)$是一个 m 次多项式，则对于一切 x 而言，$\Delta^{m+1} f(x)=0$，因此不论 n 是怎么样大的数，以上的求和公式只包含 $m+1$ 个项，计算起来很简便。

例　求 $1^4+2^4+3^4+\cdots+n^4$ 的和的公式。

我们从前面的文章知道这公式是欧洲的数学家花了将近1 000年的时间才发现的，现在我们很容易就可以算出来。

我们先列出逐差表：

$$f(1),\ f(2),\ f(3),\ f(4)\cdots,\ f(k-1),\ f(k)$$

$$f(2)-f(1),\ f(3)-f(2),\ \cdots, f(k)-f(k-1)$$

$$f(3)-2f(2)+f(1),\ \cdots,\ f(k)-2f(k-1)+f(k-2)$$

从第二行开始，每一行左端的数分别是 $\Delta f(1)$，$\Delta^2 f(1)$，…。

这里的函数是 $f(x)=x^4$，它的逐差表可以写成：

$f(1)$		$f(2)$		$f(3)$		$f(4)$		$f(5)$
1		16		81		256		625
	15		65		175		369	
		50		110		194		
			60		84			
				24				

由伯努利公式 $\sum_{k=1}^{n} k^4 = \binom{n}{1} + 15\binom{n}{2} + 50\binom{n}{3} + 60\binom{n}{4} + 24\binom{n}{5}$。

你现在可以不用吹灰之力就算出 $\sum_{k=1}^{n} k^5$ 的公式，而这在 400 年前欧洲的大数学家都算不出来。你现在会感觉到伯努利的求和公式是非常有用的吧！事实上，这个方法就是我们祖先在研究天文时所发现的"招差术"，距今有 1 300 多年的历史了！

根据中国数学史家李俨的《中国算学史》，隋朝时的刘焯(544—610)在《皇极历》中创造了"招差术"。

到了元朝，王洵、郭守敬等撰的《授时历》用招差术来推算太阳按日经行度数和月球按日经行度数。

我们在前面谈到过中国数学家朱世杰，他在《四元玉鉴》里也是用招差术来解决高阶等差级数的求和问题。我们举一个实际的例子来看。在这书里有一个问题是这样的：

"今有官司依立方招兵，初(日)招方面三尺，次(日)招方面转多一尺……已招二万三千四百人……问招来几日？"

第一日招兵 $3^3=27$ 人，第二日招兵 $4^3=64$ 人，第三日招 $5^3=125$ 人，等等，问几日共招到 23 400 人？

朱世杰用招差术先算出 $f(x)=(x+2)^3$ 的逐差表：

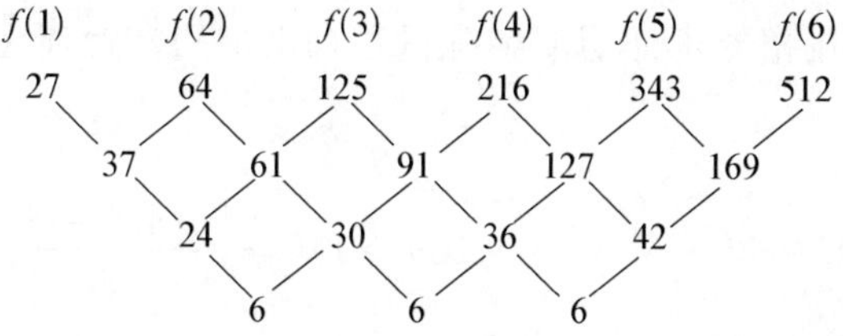

这里 $f(1)=27$，$\Delta f(1)=37$，$\Delta^2 f(1)=24$，$\Delta^3 f(1)=6$，$\Delta^4 f(1)=0$，因此如果第 n 日的总人数是 S_n，则我们得公式 $S_n=27n+37\binom{n}{2}+24\binom{n}{3}+6\binom{n}{4}$。

现在令 $S_n=23\,400$，上式就可以转化成 n 的一个四次方程，朱世杰用增乘开方法求得 $n=15$。

中国古代的数学家的确是在数学上做出了很多重要的贡献。就以杨辉和朱世杰在代数的研究来讲，比欧洲的数学家还深入，而且他们也是在学习了先辈的数学著作后，再加以发挥创新的。

我们现在学习一点中国数学史，并不是要钻牛角尖去考证“我的本家以前还是怎么样怎么样”，重要的是不要数典忘祖，被外国的权威误导，以为以前我们样样都不如人。知道我们祖先的成就，再学习一些先进方法，相信在“戒骄戒躁，不亢不卑”的作风下定能迅速进步。

动脑筋与学习

这里我们提供了一些数学问题，给一些自学的青少年、对数学有兴趣的人士以及中学教师作为辅助教材。

1. 挪威数学家阿贝尔在 1823 年 8 月 4 日从哥本哈根写信给他的老师洪波特谈他在数论及分析上的一些新成果。在信尾他调皮地写道：哥本哈根$\sqrt[3]{6\,064\,321\,219}$。你能猜出他想告诉他老师什么东西吗？

2. 试用招差术证明清朝陈世仁（1676—1722）所发现的一个数学公式：

$$1^2+3^2+5^2+\cdots+(2n-1)^2=\frac{n(4n^2-1)}{3}$$

3. 证明

$$\binom{n}{1}+2\binom{n}{2}+3\binom{n}{3}+\cdots+n\binom{n}{n}=n2^{n-1}$$

4. 证明

$$1\times 2\binom{n}{1}+2\times 3\binom{n}{2}+3\times 4\binom{n}{3}+\cdots+n(n+1)\binom{n}{n}$$
$$=n(n+3)2^{n-2}$$

5. 从以上两题的结果，你能找到一个一般的公式吗？若是能够，试找出一个巧妙的证明，再告诉我好吗？

6. 证明

$$\binom{n}{1}+\binom{n}{3}+\binom{n}{5}+\cdots=2^{n-1}$$

7. 证明

$$\binom{n}{0}^2+\binom{n}{1}^2+\binom{n}{2}^2+\cdots+\binom{n}{n}^2=\binom{2n}{n}$$

8. 证明下面元朝数学家朱世杰的一个结果，对于任何正整数 m 和 n 我们恒有 $\binom{n}{n}+\binom{n+1}{n}+\binom{n+2}{n}+\cdots+\binom{n+m}{n}=\binom{n+m+1}{n+1}$。

9. 对于任何整数 n，我们有下面巧妙的结果：

$$\binom{n}{1}-2\binom{n}{2}+3\binom{n}{3}-\cdots+(-1)^{n+1}n\binom{n}{n}=\begin{cases}0 & \text{当 } n\neq 1\\ 1 & \text{当 } n=1\end{cases}$$

10. 罗马尼亚的数学比赛曾经出过下面的问题：对于任何正整数 m 和 n，我们恒有这个公式：

$$2\left[\binom{2m}{1}\sum_{k=1}^{n}k+\binom{2m}{3}\sum_{k=1}^{n}k^3+\cdots+\binom{2m}{2m-1}\sum_{k=1}^{n}k^{2m-1}\right]$$
$$=(n+1)^{2m}+n^{2m}-1$$

11. 宋朝杰出的科学家沈括发现一个高阶等差级数的求和公式：

$$ab+(a+1)(b+1)+(a+2)(b+2)+\cdots+a'b'$$
$$=[(2a+a')b+(2a'+a)b'+a'-a]\times h\div 6$$

这里 $a'-a=b'-b=h-1$。你试用招差术来证明沈括式子是正确的。

7 对华罗庚先生的怀念

我的哲学不是生命尽量延长，而是尽量多做工。

——华罗庚

藏拙保身我所憎，愿将涓滴献人民。
生产如能长一寸，何惜老病对黄昏。

——华罗庚

愿化飞絮被天下，岂甘垂貂温吾身。
一息尚存仍需学，寸知片识献人民。

——华罗庚 1980 年赠诗予沈煌(思中)

华罗庚最后的一天

华罗庚 75 岁时过世(1910—1985)。

1985 年 6 月 12 日华罗庚带领他的助手陈德泉、计雷等，以及随行负责保健的医生(长媳柯晓英)出席由日本数学会安排在东京大学的大会，并在会上作一个 45 分钟的演讲。

华罗庚受日本亚洲文化交流协会邀请从1985年6月3日到16日访问日本，由于他曾两次心肌梗死，年事已高，因此日本方面安排他在访日期间只作一次演讲，他在一些地方参观还需坐轮椅让人推着前行。

在东京大学的演讲是请他回顾20世纪50年代后他的工作。6月9日他从箱根回到东京之后两天谢绝各种应酬活动，他想好好准备这个45分钟的演讲。他在纸上画了一个表，从左到右画了三个方格，左边写上“年代”，中间写上“理论”，右边写上“普及”。然后他再画三条杠把方格分50、60、70和80年代。

他用颤抖的手写了几百个字，重点写他那几十年的工作。他的思想清晰，可是体力却不能支持，字迹歪歪斜斜，文字不能一笔呵成。写到70、80年代的栏目他只写了“数值积分”和“偏微分方程”几个字就写不下了。他要他的长媳柯晓英把他嘴巴讲的东西写下来，整理后给他过目。下面是他计划在第二天报告的提纲：

年　代	理　　论	普　　及
50年代	《数论导引》 《百科全书解析数论分册(Teubner东德)》 →王元、陈景润 《典型群论》 →万哲先 《典型域上调和分析》 →龚升，陆启铿 用seminar的讲稿训练学生，使他们能独立从事研究工作，同时也写出了上面四本书。	写作一些中学生能懂的材料。 后来翻阅其他学科中有关数学的内容，找到了一些并加以简化，例如：矿藏几何、蜂窝问题、晶体结构等。 末期开始了数学应用于国民经济的研究，并认识到单靠书上的知识不能达到普及的目的。
60年代	为了大学数学写了《高等数学引论》。这本书包括了不少其他学科的内容。那些内容适宜于放在高等数学里，用1、2页即能说明。 开始了应用数论知识求高维积分的研究(与王元合作)。	为了达到普及的目的，不单是要阅读资料，还要考虑较生动的表达语言，使每个工人都能听得懂，学得会，用得上，能见成效。 在生产管理方面，我们选择了统筹方法(CPM，PERT，……)。 在质量管理方面，我们选择了优选法作为普及的材料。

续 表

年 代	理 论	普 及
70 年代	与王元合作的《数值积分》出版了。 为研究生入门写的《从单位圆谈起》也出版了。 《偏微分方程组》 →吴兹潜,林伟 《 优选学》出版	开发应用普及推广统筹法及优选法。到了 26 个省市,上千个工厂,各地印刷了数以百万计的"双法"及成果资料,应用范围遍及各行业。培养了一批骨干,摸索了在中国把数学用于实际的经验,取得了明显的经济效果。
80 年代	陈德泉,计雷等	除了继续普及推广并应用统筹优选之外,并有所发表。把 50 年代后期开始的把数学用于宏观、优化、计划经济的理论上的工作加以重做。这些理论的手稿成于 50—60 年代(后被盗毁)。在 80 年代觉得这些工作有可能被应用,想把它写出来,但由于事隔 20 年,仅能回忆出一个概况,重新写出的时间竟超过原稿的两倍以上。例如我竟花相当长的时间才能证明我 60 年代所发现的定理。定理及其应用另见。

那一晚他精神亢奋,可能回想这几十年来的工作,他不能入睡,最后吃了安眠药,才睡了一段时间。

6 月 12 日下午 4 时,他在日本数学会会长小松彦三郎(H. Komatsu)的陪同下,进入报告厅。他不坐轮椅,站着讲。最初他用中文讲,有人翻译成日语,他觉得效果不好,太费时间。因此他向主席和听众建议:"能不能用英语直接讲,效果会更好?"在征得大家同意后,他就滔滔不绝地用英语说,很快就满头大汗。他把西装脱掉,接下来他又解掉感觉束缚的领带。等到讲足 45 分钟。他觉得这还意犹未尽,就向主席和听众要求:"演讲时间已过了,是否还可以延长几分钟?"在大家给予热烈的掌声之后,他又讲了十几

华罗庚20世纪50年代和80年代的相片

1985年6月12日华罗庚在日本参加学术报告会

分钟，总共讲了65分钟。

最后他说："谢谢大家。"听众以非常热烈的掌声表示对他的敬意，白鸟富美子(F. Shiratori)女士捧着一束鲜花要献给他，他突然从椅子上滑下，双眼紧闭，面色转变为紫色，完全失去知觉，心脏病发作！

人们把他送到东京大学的附属医院急救，可是来不及了。医院晚上十点零九分宣布他的心脏完全停止跳动。

6月15日他的遗体在东京的町屋火葬场火化。

6月21日上午，北京八宝山革命公墓礼堂举行了骨灰安放仪

在日本东京大学作题为《理论数学及其应用》的学术报告

式。有 500 多人包括党政领导、科学家、亲友在内，参加了这一仪式。

华罗庚的遗嘱

华罗庚在 1980 年 4 月的一天，请应用数学研究所的方伟武作见证立了下面的遗嘱：

① 我死后丧事要从简，骨灰撒在家乡金坛县的洮湖中。

② 我国底子薄，基础差，要提倡多干实事、有益的事，少说空话大话。

③ 发展数学，花钱不多，收益很大，应该多加扶持。

④ 我死后，所收藏的图书及期刊，赠送给数学所图书馆。

⑤ 家中存款给每个子女五千元，其余归我妻吴筱元养老用。

然后请他打电话把几个子女叫来，当众宣读，并且让他们传阅该遗嘱。华还关照大儿子华俊东医生，他过世了要他好好赡养他的姐姐华莲青。

华罗庚给中国留下了什么

让我们看看《人民日报》1985年6月22日介绍他的生平中所作的评价吧！

“华罗庚同志是当代自学成才的科学巨匠，是蜚声中外的数学家。他是中国解析数论、典型群、矩阵几何学、自守函数论与多元复变函数论等很多方面研究的创始人与开拓者。

他的著名学术论文《典型域上的多元复变函数论》，由于应用了前人没有用过的方法，在数学领域内做了开拓性的工作，于1957年获我国科学技术一等奖。他的研究成果被国际数学界命名为‘华氏定理’、‘布劳尔—卡当—华定理’、‘华—王方法’。华罗庚同志一生为我们留下了二百篇学术论文，十部专著，其中八部为国外翻译出版，有些已列入本世纪数学经典著作之列。他还写了十余部科普作品。由于他在科学研究史上的卓越成就，先后被选为美国科学院外籍院士，第三世界科学院院士，法国南锡大学、美国伊利诺伊大学、香港中文大学荣誉博士，联邦德国巴伐利亚科学院院士。

他的名字已载入国际著名科学家的名册。华罗庚同志是中国科学界的骄傲，是中华民族的骄傲，是十亿中国人民的骄傲……”

他培养的学生很多，早在20世纪40年代于昆明的西南联大时，他就领导了一个讨论班，受到他的影响的人有闵嗣鹤、段学复、徐贤修、樊畿、杨振宁、钟开莱等人。

清华园里的凤凰

诺伯特·维纳（Nobert Wiener，1894—1964）是美国杰出的数

学家，是“控制论”（cybernetics）的创始人。他在1935—1936年被邀请来清华电机系讲学，熊庆来也请他到数学系讲他的专长“傅里叶分析”。

维纳在他的第二本自传《我是一名数学家》里这样描写当年的清华教授：“……我们过了几天才开始适应清华和我们的新生活，这里使用两种语言，西方人文学科和科学的教授大都用英语。虽然教员中有一些西方教授，但绝大多数是中国人，他们大部分在美国受过训练，但也有一些人是在英国、德国和法国受的教育。

看看这种外国训练怎样反映在教员身上，是很有趣的。有位中国女士曾在巴黎留学，她的步履甚至从几个街区远距离看过去也像个法国人。有个自信的、矮小的、在德国受训练的教授，除了气质上的细微差距外，他的举止十足像个纳粹分子。许多教授跟我的国内（指美国）的同事一样有一副美国人的腔调。还有一位穿着考究的英语教授，他浑身上下和灵魂深处都打上了牛津的印记……”

华罗庚与老朋友唐培经（著名数学家）在一起

1931—1932年维纳曾在剑桥大学做研究，并在著名的解析数论学家哈代的支持下开一门傅里叶分析的课。哈代有一个得力助手叫李特伍德(Littlewood),他常在家里举行数学讨论会,维纳曾去参加。

华罗庚与徐贤修(著名数学家)在一起

华罗庚在听维纳的分析课后就和徐贤修(后来为台湾清华大学校长)合写了一篇关于复数域上傅里叶变换的论文。华罗庚从维纳的课上学到了许多傅里叶分析的知识与技巧。

维纳后来推荐华罗庚到英国剑桥大学和他的老师哈代学数论,华罗庚才能在1936年到英国进修。

当年曾在清华大学读书的钱伟长,为了要念物理系,因中学没念数学,所以要恶补,在大一时每天只睡5个小时,早上6点起来,到晚上宿舍10点熄灯,他还跑到厕所看书,直到12点,他自以为是全校读书最用功的学生。

有一天早上,他跑去他常去的长板凳上读书,却发现当数学系文书的专管讲义、收卷子、管杂务的华罗庚一跛一跛地走过来。华罗庚早在3点钟起身,把他去旁听微积分要念的书都念了。华罗庚由于一条腿有残疾,可是能专心数学,这种拼搏的精神,使他在短短的几年时间由一只丑小鸭变成美丽的天鹅。

华罗庚的传记

世界上没有一个国家曾出过一个像华罗庚那样妇孺皆知、很有传奇色彩的数学家。在亚洲的印度曾出过一位贫寒出身的拉马努金(S. Ramanujan)。他和华罗庚一样搞解析数论,可惜英才早逝,或许在为本国人所传诵这方面可以和华罗庚相比。

华罗庚在工作

王元在他写的《华罗庚》一文里写:"华罗庚虽然出身贫寒,但他是独生老来子,在家时很受宠爱。华罗庚早年身残,贫寒,未能上学,必有其自卑之一面,但他不愿沉沦,拼命奋斗,终获成功,成为同辈人中的佼佼者,必有其高傲的一面。虽然他很醉心于数学,但为展雄图,又有参与政治之想法。凡此种种使他思想性格相当复杂。

他的自尊心十分强，若受损伤，常常终生难忘。

由于他家境贫寒又残废，社会世俗眼光难免投以轻视，偶有好心人给以些帮助，他是终生不忘的。在他成名之前，曾得到王维克、韩大受、唐培经、熊庆来、杨武之、叶企孙的帮助，小有名气之后，又得俞大维、朱家骅、蔡孟坚的帮助，他都十分感激。建国后，得到毛泽东的青睐，特别在十年浩劫中，得到毛泽东与周恩来的关照与保护，是最使他感激的。对于帮助与支持过他的朋友与学生，他亦念念不忘。”

这里引用王元的话，很形象地描绘他老师的性格。王元还说华“颇骄傲自大……评价学术严肃苛刻，使不少知识分子，特别是数学家与青年不敢接近他”。事实上，他的话有时是会伤人而言者却不自知。我记得一位曾是他在西南联大教过的学生，在回忆昆明的日子告诉我一件往事：有一次华对曾对他特别帮助过的前清华大学数学系系主任杨武之说：“杨老师，您在数学上的贡献很可能是生下一个杨振宁！”杨武之引导他走上研究数论的道路，在西南联大的教授聘任会上是杨武之极力推荐认为，应该让他越过讲师与副教授，直接提升为教授，主要是华罗庚这些年在国内外发表的数十篇论文，其中最精彩的是三角和估计及华林问题，而华林问题是杨武之在美国芝加哥大学由著名的美国数论专家狄克森(Dickson)指导所写博士论文的研究课题，现在华罗庚是青出于蓝而胜于蓝，在这个问题的研究上走在世界的前端，不当教授是不行的。投票结果全部委员一致通过他的正教授资格，当时教育部的规定，正教授必须由助教、讲师、副教授一级一级提升而来，这可以说是破全国公、私立大学的所有纪录，他坐了直升机青云直上。

杨武之后来要处理行政，研究工作不能像华罗庚这么好，而华罗庚在评价老师的学术工作时却不留情面，这就是一般人认为的不近人情。

有一次华罗庚的大弟子之一龚升教授对我说：“我们被他教过

的学生，有时没做研究不读书，远远看到他要躲避他，怕他问我们研究的情况，有没有什么东西值得汇报，他会像严父一样批评，不管你已做到校长、主任、所长，不留情面，我们有时真的怕他。”

华罗庚和他的学生们

华罗庚在世时，中国拍摄了反映华罗庚青少年时代的传记电视，1985 年顾迈南的《华罗庚传》由河北人民出版社出版(我是在美国国会图书馆看到此书)。叶剑英曾要华罗庚写回忆录。在 1982 年 4 月 1 日，胡耀邦主席给华罗庚写一封信谈论华罗庚在有生之年工作的计划，胡耀邦这么写道：“……至于你谈到今后工作的过重打算，我倒有点不放心。几十年来，你给予人们认识自然界的东西，毕竟超过了自然界赋予你的东西。如果自然界能宽限你更多的日子，我希望你能把你一生为科学而奋斗的动人经历，以回忆录的形式写下来，留给年轻人。你那些被劫走失散的手稿中的一些最重要的观点和创见，能不能夹在其中叙述呢？完成了它，我认为就是你在科学的超额贡献了。”

可是他哪里能坐下来安心写回忆录呢？他想工作工作再工作，尽量把十年荒废所造成的损失弥补回来。写回忆录是要花许多时间和精力的，他一直没有做。

华的大弟子王元曾对华罗庚说想替他写传,1985年华卧病在床,身体很虚弱,请人叫王元过来,对他说:

"你说过将来要为我写个传,我替你拟了一个提纲,供你参考,你看行吗?"

华罗庚(右)和他的学生王元

王元一看那提纲写在一张数学草稿纸的空白处:

关于他的童年,写者多,不多繁,我仅准备写若干片段与他的数学工作有关的。

(1) 完整三角和,Davenport 忘记了他是 Referee!

(2) Esterman 的怀疑,改了几个字,这是 Davenport 所谓 Linnik、Hilbert 的本源。

(3) Tarry 问题。

(4) Vinogradov 的影响。

(5) 中国近代数学开始影响。

(6) 封锁与转变,矩阵几何与 aut. fun.

(7) 半自同构与射影几何的基本定理。

(8) Cartan—Brauer—Hua 定理。

(9) 一顿饭的工夫解决了一个问题。

(10) 50年之后

数论导引

典型群

多个复……

高等数学引论

从单位圆谈起。

(11) 被王元拉上了一条路。

(12) 对青年的关心。

(13)“文化大革命”、抄家、失手稿、统筹、优选、跑遍全国，在搞应用数学亦思考理论。

(14) 1980 年 8 月国际数学会议。

(15) 不畏艰辛，不知辛苦。

(16) 芝加哥数学的报告会。

(17) 新老朋友。

华对王元特别关照，不多讲他的童年。他平日也很少与朋友、学生讲起童年的故事。他觉得对于一个数学家来说，真正重要的是他的工作，而不是他的生平故事。后来王元于 1994 年完成了一本《华罗庚》，由开明出版社出版，很忠实地记录他的老师的一生事迹，是任何喜欢数学的人该阅读的书。

数学与应用的问题

1946 年 2 月，华罗庚得到苏联科学院与苏联对外文化协会的邀请，到苏联作为期二十多天的访问。

他在苏联见到了许多他心仪已久的大数学家，像维诺格拉多夫(Vinogradov)、柯尔莫哥洛夫(A. V. Kolmogorov)、彼德洛夫斯基(Petrowski)、亚历山大罗夫(P. S. Alexandrov)、盖尔芳德(A. O. Gelfond)、沙法列维奇(I. R. Safarevic)、林尼克(Linnik)、马尔

2006年11月12日,在华罗庚纪念馆新馆,华罗庚长子华俊东安放父亲的骨灰

可夫(A. A. Markov)、庞特里亚金(Pontriyagin)等。他注意到苏联的数学研究所与大学的数学系很重视应用数学,一些优秀的数学家不止在纯理论数学做得很好,而且也在一些应用数学上有很好的工作。

当年他感慨地说:"中国有一般人认为数学无用,也有一些数学家,自己对数学研究得很好,但总觉得数学无用武之地,其实,是因为没有中间这一道桥梁,把数学和应用联系起来。我几年前就曾呼吁过,我们中国科学要想进步,除去必须注意到理论的研究外,还需要注意到理论和应用的配合。理论如果不和应用配合,则两相脱节,而欲求科学发达,实在是不可能的。"

抗战期间成立的数学研究所,最初在昆明的西南联大设立筹

华罗庚在唐山工具厂了解优选刀具实验

华罗庚在青岛四方车辆厂

备处，由姜立夫任主任。当年华罗庚、陈省身都是不支薪水的研究员。1945 年夏抗战胜利，中央研究院才恢复。华在 1946 年到苏联考察时，看到人家重视应用数学，于是联想起中国将来数学研究所的工作，似乎不应当只偏重于纯粹数学或纯粹数学的一部分而应该重视应用数学的研究及推广。

只可惜由于传统的偏见，虽然华罗庚 20 多年来足迹踏遍南北，大力推广“运筹学”和“统筹方法”，现在国内普及使用应用数学，就像俗语说的“树倒猢狲散”，他一去世之后，统筹运用的工作不受重视，许多人宁可钻研“高、空”的论文，而不愿脚踏实地从事这些看来不起眼但对国家民族有重要用处的数学了。

华罗庚解释优选法

华罗庚对我的影响

我在高一时有机会看到华罗庚写的数学小册子《从杨辉三角

讲起》,我太喜欢这书,把整本书抄下。后来得到一本禁书《给青年数学家》,我也把整本书手抄下来。20多年之后,我到加拿大讲学,有一次缅尼多巴大学统计系系主任陈乃九教授(他的堂哥陈乃六是我高中的化学老师)说他有一本旧书问我想不想要,我很高兴竟然就是这本《给青年数学家》影响我一生的书!

读大学时买了华罗庚写的《数论导引》一书,从中汲取了许多关于数论的知识。1979年我从法国到美国哥伦比亚大学演讲,加拉格尔(Patrick Gallagher)教授[从事解析数论和群论的研究,好友郭宗武与我的导师吉尔曼(Robert Gillman)都是他的博士生]告诉我,他以前去法国进修时带华罗庚这本中文书去看,而当时他却不懂中文,凡看不懂时就猜测里面的内容,就像我不懂俄文为了要读懂俄文的数学书,也是用猜测的方法来读。

我在20世纪70年代时曾在一个长辈的嘱咐之下给华罗庚写信,因为这个长辈和华罗庚是同乡且很熟,他希望我在学数学时能请教于华老。可是我们不了解"文化大革命"时期,和他通信足以使他背上"里通外国"的罪名。我的这个长辈后来从国内出来的友人处得知华的近况,要我停止和他联系,免得使他麻烦。

1980年我到哥伦比亚大学转学计算机,不搞数学。有一天,数学系主任加拉格尔教授打电话告诉我,华罗庚第二天会来哥伦比亚大学演讲,希望我能去听。

事实上在这之前,我在1980年8月10日至16日在伯克利参加"第四届国际数学教育会议"已见过了华罗庚,我问他在"文革"期间有没有收到我寄给他的数学书籍,他说没有,而他告诉我令他痛心疾首的事:他的一些数学手稿被人偷走。我告诉他我是"没钱有脚走天下",他劝我应该好好珍惜年华不要浪费生命,在数学上做出一些贡献。他当时写了"人贵有自知之明"这几个字给我做纪念。

人贵有自知之明
华罗庚 1980.8.16.

华罗庚手迹

他问我在抗战时曾给他帮助的我那个长辈的近况，并记下地址，回到旅舍之后就写了一首诗寄给他。我后来把这诗公开，不单是作我的座右铭，也影响了一些年轻人。（请看此文前的诗。）

第二次在哥伦比亚大学见到他，他对我说科普的工作很重要，可是在中国却不受重视，他现在没有时间做这些事，他鼓励我继续在这方面努力。他说只要努力工作，假以时日一定会见到成绩。

我却辜负了他的期望，有十多年的时间停笔不做这方面的工作。后来读到王元《华罗庚》的初稿转载华罗庚 1984 年 7 月 3 日在洛杉矶西望中原写的诗：

茫茫一海隔，
落落长相忆。
长相忆，
白云掩目沧海碧。
时光不倒流，
往事何必多回忆。
掌握好今时今刻，
为人类尽心尽力。
身后原知万事空，
人生难得三万六千日。
不珍惜，不落实，
悔何日，空叹息。

心中却有些内疚，觉得应该继续做自己喜欢的事，于是再提起笔来写东西，以后在九泉之下见到他不必像他的一些学生要回避他，我可笑着说，我已做到他所说的“寸知片识献人民”，不虚此生了。

写于1985年10月3日，2010年11月24日，2011年5月11日修改

8 级数趣谈

——从 $1+2+3+\cdots+n$ 谈起

在建筑工地上堆积了许多圆木，从侧面看去它们堆积成一个三角形的样子。最顶层只有 1 根，第二层只有 2 根，第三层只有 3 根……

你想要知道这堆木料究竟有多少根圆木？于是你开始计算：$1+2+3+\cdots$。

可是这样计算并不太快，而且容易出错。为了能较准确和迅速地得到堆积圆木的总数，我们介绍一个古代中国和希腊劳动人民所发现的方法。但在讲这方法之前，请听一个著名的德国天文学家、物理学家和数学家的故事。

8 岁孩子发现的数学定理

18 世纪的德国出了一个大科学家高斯(Carl Friedrich Gauss,1777—1855)。他生在一个贫穷的家庭,父亲什么工作都做过:园丁、劳工、商人助手、杂货店的算账员等等。母亲是一个石匠的女儿,虽然只读过一点点的书,但非常聪明。高斯在还不会讲话时就自己学计算,3 岁时有一天晚上他看着父亲在算工钱时,还纠正父亲计算的错误。

长大后他成为当代最杰出的天文学家、数学家。他在电磁学方面有一些贡献,现在电磁学的一个单位就是用他的名字命名。数学家们则称呼他为“数学王子”。

他 8 岁时进入乡村小学读书。教算术的老师是从城里来的,觉得在一个穷乡僻壤教几个“小猢狲”读书,真是大材小用。而他又有些偏见:穷人的孩子天生都是笨蛋,教这些蠢笨的孩子念书不必认真,如果有机会还应该处罚他们,使自己在这枯燥的生活里添一些乐趣。

这一天算术教师情绪低落。同学们看到老师那抑郁的脸孔,心里畏缩起来,知道老师又会在今天捉住学生处罚了。

“你们今天算从 1 加 2 加 3 一直到 100 的和。谁算不出就罚他不能回家吃午饭。”老师讲了这句话后就一言不发地拿起一本小说坐在椅子上看去了。

教室里的小朋友们拿起石板开始计算:“1 加 2 等于 3,3 加 3 等于 6,6 加 4 等于 10……”一些小朋友加到一个数字后就擦掉石板上的结果,再加下去,数字越来越大,很不好算。有些孩子的小脸孔涨红了,有些手心额上渗出了汗来。

还不到半点钟,小高斯拿起了他的石板走上前去。“老师,答案是不是这样？”

老师头也不抬，挥着那肥厚的手，说：“去！回去再算！错了！”他想不可能这么快就会有学生算出答案了。

可是高斯却站着不动，把石板伸向老师面前，“老师！我想这个答案是对的。”

算术老师本来想要怒吼起来，可是一看石板上整整齐齐写了这样的数：5 050，他惊奇起来。因为他自己曾经算过，得到的数值也是 5 050，这个 8 岁的小鬼怎么这样快就得到了这个数值呢？

高斯解释了他发现的一个方法，这个方法就是古时希腊人和中国人用来计算级数 $1+2+3+\cdots+n$ 的方法。高斯的发现使老师感到羞愧，觉得自己以前目空一切和轻视穷人家孩子的观点是不对的，他以后也认真教起书来，并且还常从城里买些数学书自己进修并借给高斯看。在他的鼓励下，以后高斯便在数学上做了一些重要的研究。

古时的中国人和希腊人怎样算这和

2 400 年前的希腊数学家毕达哥拉斯称 1，$1+2$，$1+2+3$，$1+2+3+4$，…这样的数为三角数(triangular number)。他和门徒用 1 个圆球代表 1，并且把三角数用下面的图形表示：

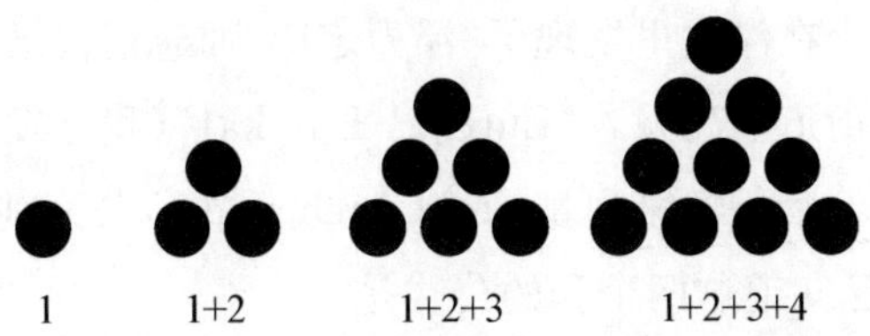

一般我们用 S_n 来表示 $1+2+3+\cdots+n$ 的值。现在要知道 S_n 的

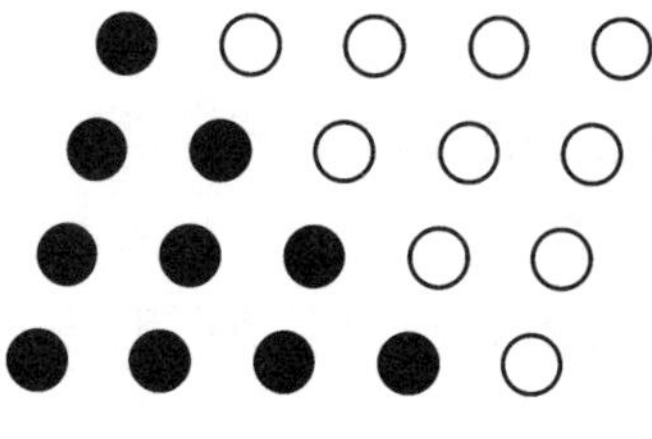

数目,我们可以设想有另外一个 S_n(这里用白圆球来表示),把它倒放,并和原来的 S_n 靠拢拼合起来,我们就得到一个菱形(这里 n 是等于 4 的情形),总共有 n 行,每一行有 $n+1$ 个圆球,所以全部有 $n(n+1)$ 个圆球。这里得两个 S_n,因此一个 S_n 应该是 $n(n+1)/2$。

无独有偶,中国人也是用这方法找出 S_n 的值。宋朝数学家杨辉,他考虑由草束堆成的尖垛,顶层是一束,从上到下逐层增加一束,如果知道底层的束数,就可以算出全部草束的总数。他提出的一个问题是:“今有主垛草一堆,顶上一束,底阔八束。问共几束?答:36 束。”他的计算方法和以上的说明是一样的。

毕达哥拉斯和门徒们发现了三角数的一个性质:任意两个连续三角数的和是一个平方数。用图形表示是:

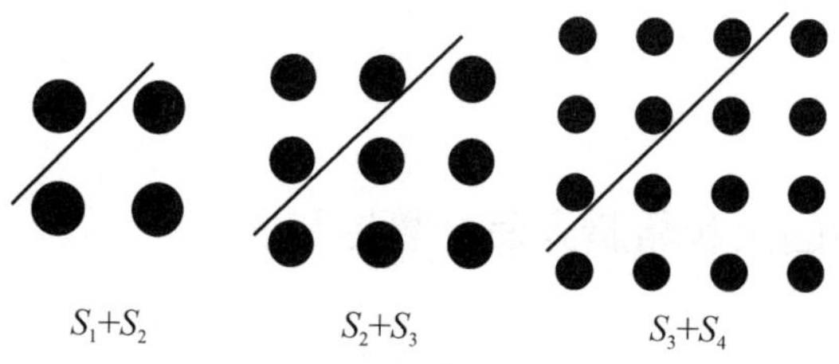

S_1+S_2　　S_2+S_3　　S_3+S_4

读者可以用公式对以上的性质给出证明。

很容易联想到的一个问题:是否 $1^2+2^2+3^2+\cdots+n^2$ 以及 $1^3+2^3+3^3+\cdots+n^3$ 也能找到简单公式来算它们的和?

据说那个在澡堂里发现了“浮力定律”而忘记自己仍旧是赤身裸体奔跑在街道上高喊着“Eureka! Eureka!”(我已发现了!我已发现了!)的希腊科学家阿基米德(Archimedes,公元前 287—公元前 212),早已知道这两个和的公式是:

$$1^2+2^2+3^2+\cdots+n^2=\frac{1}{6}n(n+1)(2n+1)$$

$$1^3+2^3+3^3+\cdots n^3=(1+2+\cdots+n)^2$$

可是在阿基米德以后的希腊数学家想要知道 $1^4+2^4+3^4+\cdots+n^4$ 的和的公式，却是无能为力。这个和的公式要在 1 000 年后由 11 世纪的阿拉伯数学家发现。

我们问一个问题：对于任何 $m\geqslant 3$，是否有一般的公式表示 $1^m+2^m+\cdots+n^m$ 的和呢?

法国数学家费马解决此问题

在 1636 年法国数学家费马兴高采烈地给朋友写了一封信："我已解决了在算术中可以算是最漂亮的一个问题。"他所讲的问题就是上面问的问题。

为了较方便解释他的方法，我们用符号 $\sum_{r=1}^{n}a_r$ 来表示 $a_1+a_2+\cdots+a_n$ 的和。比方说 $1+2+\cdots+n$ 可以简洁地写成 $\sum_{r=1}^{n}r$，同样 $1\times2+2\times3+3\times4+\cdots+100\times101$ 可以写成 $\sum_{r=1}^{100}r(r+1)$。

费马发现了这样的公式：

$$\sum_{r=1}^{n}\frac{r(r+1)}{2}=\frac{n(n+1)(n+2)}{1\times2\times3}$$

他很自然地想到，是否

$$\sum_{r=1}^{n}\frac{r(r+1)(r+2)}{3\times2\times1}=\frac{n(n+1)(n+2)(n+3)}{4\times3\times2\times1}?$$

令他惊奇是，结果真是如此。

他还从这里出发，得到了一个很漂亮的公式：

对于 $p\geqslant 2$，以下的式子是恒等式：

$$\sum_{r=1}^{n}\frac{r(r+1)(r+2)\cdots(r+p-1)}{p(p-1)\times\cdots\times3\times2\times1}=\frac{n(n+1)(n+2)\cdots(n+p)}{(p+1)p\times\cdots\times3\times2\times1}$$

现在可以用这公式来解决1 000多年来数学家想要求出的公式。先看最简单的情形,即 $p=2$:

$$\sum_{r=1}^{n}\frac{r(r+1)}{2\times1}=\frac{n(n+1)(n+2)}{6}$$

左边的式子可以展开写成

$$\frac{1}{2}\left(\sum_{r=1}^{n}r^2+\sum_{r=1}^{n}r\right)$$

现在已知 $\sum r$ 的公式,我们代进去再化简就可以算出 $\sum r^2$ 的公式了。

知道了 $\sum r^2$ 的公式,再考虑 $p=3$ 的情形,由于

$$\sum_{r=1}^{n}\frac{r(r+1)(r+2)}{3\times2\times1}=\frac{n(n+1)(n+2)(n+3)}{24}$$

以及左边的式子等于 $\frac{1}{6}(\sum r^3+3\sum r^2+2\sum r)$ 就很容易算出 $\sum r^3$ 的公式。

依此类推,只要知道 $\sum r$, $\sum r^2$, …, $\sum r^{m-1}$ 的公式,就可以算出 $\sum r^m$ 的值。费马倒是很巧妙地解决了这个问题。

中算家在这方面的成果

中国数学家很早就认识了等差级数,在中国最早的数学书《周髀算经》里谈到“七衡”(太阳运行的圆周)的直径以19 833里100步×2递增,这就是等差级数。

约在公元1世纪成书的中国重要数学著作《九章算术》在“衰分”和“均输”两章里的问题和等差级数有关。

在5世纪末南北朝的张丘建在他著的《张丘建算经》中就有3个等差级数的问题：

题一　今有女子善织布，逐日所织的布以仝数递增，已知第一日织五尺，经一月共织39丈，问逐日增多少？

答：$5\frac{15}{29}$寸。

题二　今有女子不善织布，逐日所织的布以仝数递减，已知第一日织五尺，末一日织一尺，计织30日。问共织布多少？

答：9丈。

题三　今有某君以钱赠给许多人，先第一人给三钱，第二人给四钱，第三人给五钱，继续依次递增，钱给其他许多人。给完钱后把诸人所得的钱全部收回，再平均分派，结果每人得100钱，问人数多少？

答：195人。

唐朝和宋朝的数学家研究级数，并不是单纯追求趣味性，而是实际的需要。当时的天文学家都假定日、月、星辰在天空中的运动是等加速或等减速运动，每日行经的路程是等差级数。

比如唐朝的天文学家僧一行(683—727)，是世界上最早发现恒星在天上的位置会变动的天文学家。在他所著的《大衍历》里就是利用等差级数的求和公式来计算行星的行程。

宋朝对等差级数和高阶等差级数的研究最具卓越贡献的该是沈括(1031—1095)，他看到酒店、陶器店等把瓮、缸、瓦盆三类东西推成长方台，底层排成一个长方形，以上的每层长宽各减少一个，因此他想要知道是否有简单的式子可以计算。

他看古算术书《九章算术》的“商功”章原有长方台体积(古书称为“刍童”)的公式。用这公式来求实际的堆垛问题，常常是比原

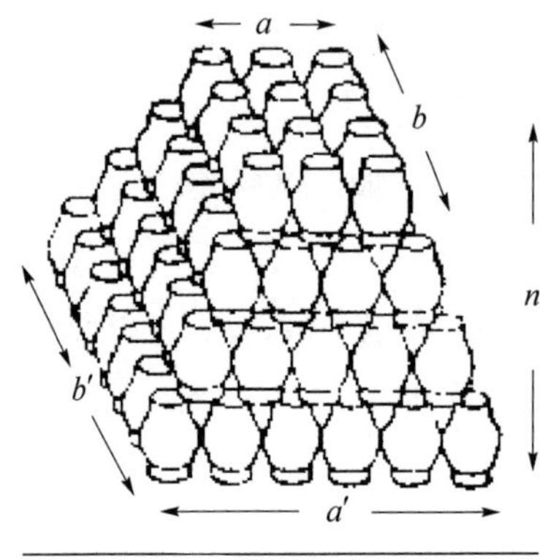

堆垛问题

数少。因此他创造了新法“隙积法”以补“古书所不到者”。(“用刍童法求之,常失于数少,予思而得之。”)

假设长方台上底是 $a\times b$,下底是 $a'\times b'$,共有 n 层,因为从上到下,每一层的纵横各增加一个,所以 $a'-a=b'-b=n-1$,沈括的求和公式是

$$ab+(a+1)(b+1)+(a+2)(b+2)+\cdots+a'b'$$
$$=[(2a+a')b+(2a'+a)b'+a'-a]\times\frac{n}{6}$$

读者如果令 $a=b=1$, $a'=b'=n$,代入以上的公式就可以得到

$$1^2+2^2+\cdots+n^2=\frac{1}{6}n(n+1)(2n+1)$$

沈括留给后世的《梦溪笔谈》是一部内容丰富的科学著作,里面谈到数学、天文、物理、化学、生物、地质、地理、气象、医药和工程技术等,英国自然科学史家李约瑟教授对这书评价极高。而日本数学家三上义夫(Mikami Yoshio, 1875—1950)对沈括非常推崇,他认为对古代数学来讲,“日本的数学家没有一个比得上沈括,像中根元圭精于医学、音乐和历书,但没有沈括的经世之才;本多利明精航海术,有经世才,但没有像沈括的多才多艺。如果在别国中能找到和沈括相比的数学家,那么德国的莱布尼茨和法国的卡罗,在某点上或可和沈括比较,但若一面远胜沈括,同时又多才多艺,那就没有了。仅有希腊的阿契泰斯,他的学识、经验最能和沈括相比。总之,沈括这样的人物,在全世界数学史上找不到,唯有中国

出了这一个人。我把沈括当作中国数学家的模范人物或理想人物，是很恰当的。”（见《中国算学之特色》。）

在沈括后，宋朝的数学家在级数研究取得较好成果的，该算13世纪时的杨辉。他提出了三角垛公式：

$$1+(1+2)+(1+2+3)+\cdots+(1+2+3+\cdots+n)$$
$$=\frac{1}{6}n(n+1)(n+2)$$

左边的式子可以简写成 $\sum\limits_{r=1}^{n}\frac{r(r+1)}{2}$，这样我们得到费马所发现的公式 $\sum\limits_{r=1}^{n}\frac{r(r+1)}{2}=\frac{n(n+1)(n+2)}{3\times2\times1}$，杨辉比他早三百多年就知道了这个事实。

元朝朱世杰是一个到处传授数学的教书先生，他在1299年写的《算学启蒙》以及1303年写的《四元玉鉴》就研究等差和高阶等差级数，特别是在后面那部著作中，他扩充了杨辉的三角垛公式，建立起更一般的

$$\sum_{r=1}^{n}\frac{r(r+1)(r+2)\cdots(r+p-1)}{1\times2\times\cdots\times(p-1)p}=\frac{n(n+1)(n+2)\cdots(n+p)}{1\times2\times\cdots\times p(p+1)}$$

这个公式，以及更复杂的公式。这些也是比费马早三百多年的时间。

朱世杰的书在17世纪流传到日本，对日本数学家的级数理论的研究影响很大。反而在中国，自从朱世杰以后的400年来，级数理论却停顿着没有再发展。要到18世纪时的董祐诚和李善兰等才有一些论见。

级数理论和微积分学的产生有密切的关系，比如公式 $\sum\limits_{r=1}^{n}r^2=n(n+1)(2n+1)/6$，如果再加上一些极限概念（中国数学家很早就有），可以很容易算出球体的体积公式，中国数学家很早就用几

何方法来推算球体的体积。在宋元的时候中国基本上具备了产生微积分的准备条件,可惜却没有一个人能像以后的西欧的莱布尼茨及牛顿那样取得承先启后的工作。更糟的是在明清时中国数学却衰退了。

原因是在哪里呢?中国数学工作者顾今用(吴文俊的笔名)先生认为:"中国古代数学至少自秦汉有记载以来,许多方面一直居于世界上遥遥领先的地位,发展到宋元之世,已经具备了西欧17世纪发明微积分前夕的许多条件,不妨说我们已经接近了微积分大门。尽管历代都有儒法斗争,儒家思想的阻挠放慢了数学发展的速度,甚至使许多创造湮没不彰或从此失传,但我们还是有可能先于欧洲发明微积分的。然而,宋朝的程朱理学已使当时的一些优秀数学家(例如杨辉)浪费精力于纵横图之类的数学游戏,陷入神秘主义,违反了我国自古以来的优良传统,到了明朝八股取士,理学统治了学术界的思想,我国的数学也就从此一落千丈了。"(见《数学学报》18卷第1期。)

我想补充的一点是:欧洲那时期已完成封建社会过渡到资本主义社会的阶段,生产力的提高自然提供了许多和生产有关系的如热学、电磁学、流体力学等的问题产生,在这种情形下,旧有的数学工具不能解决这一类问题。一种崭新而能处理变动问题的有威力的新数学就要产生。而中国还是一个古老的封建社会,生产方式不改变,就束缚了它的科学发展。

动脑筋问题

读者如有兴趣,可以考虑下面几个问题:

1. 证明三角数 $1+2+\cdots+n$ 的最后一位数不可能出现2,4,7,9。例如 $S_1=1$, $S_2=3$, $S_3=6$, $S_4=10$, $S_5=15$, $S_6=21$,

$S_7 = 28$。这是波兰中学数学比赛出过的一个问题。

2. 证明 2,3,7,8 不会在 $1^2+2^2+3^2+\cdots+n^2$ 的最后一位数出现。

3. 是否以上的情形会出现在级数和 $1^3+2^3+\cdots+n^3$ 的情况中。

4. 有一些三角数是平方数,如 $S_8=6^2$, $S_{49}=35^2$,你能证明有无穷多的三角数是平方数吗?

5. 是否能找到一个公式来表示 $1-2+3-4+\cdots+(-1)^{n+1}n$?

9 江山代有才人出

——第二届华人数学家大会散记

2001年12月14日

距离飞机离开美国还有2小时半的时间,匆匆忙忙完成了3篇数学论文的最后修改工作,把它们一起用电子邮件传给乔普拉(Chopra)教授,然后写封道歉信,对由于忙碌没法子在去年把稿件给他深为抱歉。还欠他2篇数学论文及1篇大会的1小时专题报告,希望等开完"第二届华人数学家大会"回美国之后把它们弄完再寄给他。

希望这不是一张空头支票,答应人家的事而不能完成,心里真是个负担。

本来长荣航空公司希望乘客于飞机起飞前3小时到机场。到机场后顺手送行李到机舱,距离起飞还有1个半小时。在等待室拿起簿子思考一些问题。

我太太本来劝诫我旅行时尽量休息,不要想问题，不要看电影。看来一个人的习惯很难改变，脑子不能闲下来。平日难找时间做想做的事，很高兴在上机前把两个数学问题解决了。决定从美国飞到中国台湾这段时间不再想数学问题。拿了三份报纸和两份杂志，希望靠阅读了解一下这世界的变化。三个星期来没有看报纸，一读之下，“当惊世界殊”。

飞机行程中放映四部电影。我把老婆的话忘记了，看了三部。结果没有一部觉得有意义。其中一部中美拍摄的武打电影女主角在她第一部成名作里演技很好。当年她演一个纯真可爱的村姑，对一个乡村老师有执着爱情，觉得她以后大有希望。可惜在成名之后其他几部作品里变成导演手下的“行尸走肉”，发挥不了她的演技，真是糟蹋她的才艺。

这次第二届华人数学家大会，为了表扬陈省身教授对数学的贡献，会颁给他“终身成就奖”。他的一些大弟子应该会聚集一堂，为 90 岁的老师祝寿。我想我也会很快遇见吴文俊教授。他曾留学法国，回国后除了拓扑学研究外，还搞点中国数学史研究，最后以他的机械证明工作名扬世界。看到电影时就想起了他。这位曾被陈省身教授提携的数学家也和我一样爱看电影！

2001 年 12 月 15 日

飞机准时到达桃园机场。C 大姐、H 君和孙述寰教授一起接我。孙教授比我早一日飞来台湾，我们将会一起住在 C 大姐的家。

C 大姐和我一样早期搞近世代数，后来离开台湾大学数学系，跑到彰化师范大学去搞数学教育这吃力不讨好的工作。我对这几十年来想要改变台湾数学教育弊端的教育工作者深怀敬意。C 大姐安排我在离台前的第二天去她的学校做“数学布道”。

C大姐在机场接了同一天从美国回来的儿子,就和我们分手回台中。走之前还嘱咐一定要安排时间和H君一起搞研究。在这之前,我已和H君合写了论文,希望在留台期间联合孙教授一起解决一些我感兴趣的问题。

研究有一些成绩,找到一些新的定理,很高兴H君能进入状态。H君留学英国和德国,回台后一段时间曾在商界工作。我觉得以他在数学方面的训练,以及对数学的喜爱,不成为数学工作者真是浪费才能。

1995年去世的美国约翰斯·霍普金斯大学的周炜良(Wei-Liang Chow)教授,是陈省身教授的好朋友,两人同时留学德国。陈省身搞微分几何,周炜良搞代数几何。我的老师亚历山大·格罗滕迪克(Alexander Grothendieck)特别命名"周环"(Chow ring)来纪念周教授开创性的一个研究,在我离法赴美时嘱咐我代他探望周教授,并问候他。20世纪80年代我见了周教授。周教授对我说,他回中国之后就做生意,数学也差不多都还给了他的老师了。后来陈省身去上海找他,对他说:"中国的数学家这么少,你能出国,而且有钱,不愁吃不愁穿,不应该放弃数学,回来搞数学吧!"他听了陈省身的劝告后,看陈省身从国外带回的论文重新做数学。几十年之后他还感谢陈省身的忠告。

周炜良

后来我把我见到周教授并听他讲的这段故事告诉了陈省身教授。他笑着说:"周炜良是很行的,他的工作是非常深入的,non-trivial(不平凡)!"在周炜良去世之后,陈省身于1996年的《美国数学学会通告》写的追悼周炜良的文章说:"他回来搞数学非常成功!

我认为是奇迹!"

我也希望我这个"不愁吃不愁穿"的H君能在年轻时回来做一些数学研究,以后成为"台湾的周炜良"。

2001年12月16日

台湾清晨4点钟我就起床。时差还没有调整过来,只好东翻西看C大姐的藏书。大姐是典型的知识分子,文史社会科学的书颇多。躺在床上一口气看了5本书,好久没有时间读书,真是快哉!

6点把孙教授叫醒起床,一起在台湾大学附近走走,早餐吃豆浆和包子。

回来后,又"快马加鞭"地做了一些研究。一面研讨一面思索,这样研究数学才快乐。

傍晚去看"九章书局"的老板孙文先。他再版了我写的书。在那儿遇见了我的老友刘江枫(Andy Liu)兄。他从加拿大跑来,教20多个资优生学数学。Andy对国际数学比赛贡献很大。平日除了教书外,周末还指导一些喜欢数学的中学生学习数学。1996年还获得了"戴维·希尔伯特奖"(David Hilbert Award)。几年前我们一起研究写了几篇论文,我们一起写了第一篇关于"平衡图(Balanced Graphs)"标号理论的文章。我跑到阿伯达去找他,他也来圣何塞找我。后来他和他的学生证明了我的一个猜想。很巧台湾的刘明晃教授也同时证明了这个猜想。两份论文题目一样,证明方法不同。我设法拉拢他们把论文合二为一,希望以后他

刘江枫

们能一起研究！

多年不见，Andy变胖了，头发也灰白了。岁月真不饶人。

很高兴文先的女儿去北京大学念数学。

2001年12月17日

H君一早送我们去圆山大饭店。台北烟雨蒙蒙。H说这里早上有多人晨运。我们时间还早，于是上山看看，又下了一些细雨，只好回饭店。

孙教授决定在圆山大饭店住两晚，一来早上可以走山路，二来开会时方便休息，不必浪费时间在交通的来往上。

报名以后，我们上到12楼的大会厅。早上9点大会开始。世界华人数学家大会由丘成桐和香港晨兴集团主席陈启宗于1998年共同发起。丘成桐教授致欢迎词。第一届华人数学家大会于1998年12月举行，每3年举办一次。目的是让国际知名的数学家特别是华人数学家共聚一堂，交流各数学范畴的最新发展。

每一届大会都会颁发“晨兴数学奖”给华人青年数学家，晨兴集团为每次大会提供了资助。今年两个金奖的获得者分别是李骏（中国大陆出生，斯坦福大学教授）和姚鸿泽（中国台湾出生，纽约大学库朗数学研究所）。4个银奖的获得者是：万大庆（中国大陆出生，加州大学教授），王金龙（中国台湾出生，台湾清华大学教授），邬似珏（中国大陆出生，马里兰大学教授）和席南华（中国大陆出生，中国科学院数学研究所研究员）。

李骏（Jun Li）1982年毕业于复旦大学数学系，1984年在复旦大学数学研究所获硕士学位，1989年在美国哈佛大学获博士学位。现为美国斯坦福大学教授，他在微分几何和代数几何两方面均有很深的造诣，对向量丛模空间、稳定映照与卡拉比-丘流形上不变量做出了杰出贡献，特别发展了英国数学家、菲尔兹奖得主唐纳森关于杨-米尔斯场模空间的理论，曾应邀在 1994 年国际数学家大会上作 45 分钟报告。近年来对格罗莫夫-威滕不变量的研究又取得突破性进展，成为在国际上很有影响的新一代优秀数学家。

李骏

姚鸿泽

另一位金奖得主姚鸿泽(Yau Horng-Tzer，1959—　)，则在数学物理上做出杰出贡献，姚鸿泽 1981 年毕业于台湾大学数学系，1987 年获得普林斯顿大学博士学位。曾担任纽约大学库朗研究所教授，目前为斯坦福大学教授。姚博士的专长在于概率论、统计力学及量子力学。

晨兴数学银奖得主万大庆，大会则表彰他对证明有限域上 L 函数的德沃克(Dwork)猜测所做的杰出贡献；颁银奖予王金龙，则是为了表彰他对具有奇点的代数簇的双有理模型的杰出贡献；邬似珏获颁银奖，则是因为她对任意维空间的索伯列夫(Sobolev)类中水波问题局部适定性的建立做出了杰出贡献；而席南华获得银奖，是为了表彰他解决了卢斯蒂希(Lusztig)的一个重要猜想所做的杰出贡献。

丘成桐是晨兴数学奖评选委员会的主席。先由提名委员会(由多达 50 名的世界华人数学家组成)以候选人的研究质量、资格和魄力作为提名原则。今年的评选委员会除了丘成桐外，还有 8

位国际知名的数学家：卡尔森(Lennart Carleson)，科茨(John H. Coates)，吉斯克(David Gieseker)，格罗斯(Benedict H. Gross)，西蒙(Leon Simon)，斯莫勒(Joel A. Smoller)，斯潘塞(Thomas C. Spencer)，斯特鲁克(Daniel W. Stroock)。这些国际知名的数学家确保了评选过程的公正无私。

丘成桐说看到这么多的华人数学家从世界各地聚集在一起，非常感动。大家可以互相交流，增进感情。现在金融、经济、工程和军事都要用到数学。我们看到一个国家没有好的数学发展，不可能成为一个强国。信息和计算机的发展，为应用数学开创了许多新领域。高能物理的迅速发展，特别是超弦理论，对拓扑学和微分几何都有很深远的影响。

丘成桐

丘成桐提到1997年后香港回归祖国，以后香港可以变成像唐朝长安那样的经济和文化的中心。中国不止香港，其他许多城市也可以成为经济和文化的中心。他希望散居各地的华人数学家能互相合作，把中国的数学带到最前线。

他也表示台湾的学术气氛不够浓厚。他殷切期望台湾科学家能以谈学问为重，不谈升官掌权，才能建立好的学风。

1995年，时任国家主席的江泽民在北京接见丘成桐，希望他帮助中国培养更多的数学家。丘成桐深受鼓舞，找到中国科学院时任副院长路甬祥和香港的老朋友香港恒隆集团主席陈启宗，商讨实现目标的最佳办法。结果两年之后在北京成立了晨兴数学研究中心。陈启宗，这位丘成桐的同学，同时还兼任恒隆集团的主席，另外又设立了晨兴数学奖(Morningside Medal of Mathematics)。晨兴数学奖旨在表彰45岁以下、在基础数学及应用数学上有杰出成就的华人数学家。晨兴数学奖每三年评选一次，在每届世界华人数学家大会开幕典礼上公布获奖者名单。金奖为25 000美元，银奖为10 000美元。2001年还增设终身成就奖，奖金50 000美元。

今年的终身成就奖颁给了陈省身教授。陈教授不但70年来在数学上取得开创性的成果，而且培养了像丘成桐这样的菲尔兹奖(有数学的诺贝尔奖之称)获得者的英才。陈省身教授一生创立了三个数学研究所。2000年因高龄需要生活照顾回到天津南开大学。可是他仍然闲不住，还对青年学子讲些基础课及一些历史发展的课题。

丘成桐为他的老师写了一篇四平八稳、很有文采的《赠陈省身先生终身成就奖赞》：

“先生浙江嘉兴人也。一代文宗，士林景从。早岁登科，名振京沪。中年造类，声扬欧美。先生专探几何等价问题，创微分不变之学；又承嘉当心法，开拓扑先河。当华夏新兴，首奠宏基于西学者，舍先生其谁也？

嵯夫！江水泱泱，濯我冠缨；高山苍苍，广我胸臆。先生之教，厚古求新；先生之德，泽远流长。遂聚时贤，颂其德业。先生门下弟子，中国言数学者，皆感激于先生。谨以微物，献于先生尊前，以谢先生70年来领导之功也。”

陈启宗表示，他设立晨兴数学研究中心和晨兴数学奖是希望鼓励更多年轻中国人进行数学研究。他引爱因斯坦的话说：“数学为自然科学提供了一定的稳定性。没有数学，这是无法达到的。”正因

陈省身教授创立的伯克利数学研究所

为数学是所有其他科学的基础,我们必须不断寻找方法来鼓励数学家追求数学真理。虽然数学家的工作对一般人来说太抽象和太理论化,但是通过广泛应用,数学研究无疑为人类生活增添了姿彩。

陈启宗又引用法国拿破仑的话:"数学的演进和真善,与国家的兴盛息息相关。"他说他是一个商人,也关心中国科技的发展。他希望政府对科技工作者尊重,领导者不要干预学术自由,也不要随便颁发学位,随便颁发学位是对领受者的一种侮辱。

10点10分,由台湾清华大学校长刘炯朗颁授荣誉博士学位给陈省身教授。九十岁高龄的陈省身因脚部静脉血栓尚未痊愈,临时取消赴台行程,由陈省身的女儿陈璞代领。

刘炯朗教授在颁发给陈省身荣誉博士学位时,称赞陈教授心境淡泊,教育英才无数。我这时想到美国亨利·亚当斯讲的一句话:"老师做的是百年树人的长远工作,他对后世的影响永无止息。"陈省身为振兴中华数学而努力,一代宗师当之无愧。他对数学的影响也是深远的。

此外,大会也首度以陈省身为名设奖,颁发"陈省身数学奖"给马里兰大学助理教授于如冈，另颁“陈省身服务贡献奖”给台湾交通大学理学院院长林松山。

早上有介绍获奖者们的工作以及获奖者的感言。我对两位获奖的数学家的发言感兴趣。金奖获得者姚鸿泽是台湾大学数学系毕业。他于2000年获得麦克阿瑟奖。他有鉴于台湾许多人才外流，认为应该聘请优秀的外籍科学家赴台湾做科学研究。在吸引人才方面，可向美国借鉴经验。

银奖获得者的王金龙今年才33岁，在台湾清华大学数学系教书。他是唯一的留在台湾工作的获奖者。他在感言中感谢他的高中数学老师卢澄根。当时所有的人要他毕业后去念台湾大学医学系。这位老师帮他挡住压力，鼓励他坚持以数学系为第一志愿。他在“国中”时，虽然家里并不富裕，他的母亲还为他买了一台计算机，让他设计电玩程序。

很高兴看到王金龙能对他的老师感恩。事实上，卢澄根老师在高一时就发现他有数学才能，每周六由桃园开车载他到台北参加台大举办的数学资优生研习班。上数学课时，让他看他喜欢看的书，并且借给他大学数学教科书。1984年，卢老师担心他无法适应大学课程，邀请了好几位数学老师替他“恶补”，在6个月内教完了高中3年的课程。

1点半到3点是“科技与亚洲经济及企业发展之关系”研讨会。主持人是陈启宗和台湾集成电路股份有限公司董事长张忠谋，讲员是摩托罗拉执行副总裁及亚太区总裁谭定宗，以及台湾全球策略投资基金董事长杨世缄。

陈启宗认为，科技为亚洲带来新的产业，20年来发展的半导体业、个人计算机业及网络业使亚洲经济产生很大的变化。科技也带来了新的商业经营模式。出名的例子是“亚马逊书店”。它原本是卖书的，新的商业经营模式使后来创立的企业很快赶上原来有基础的大连锁商店。有E-mail的帮助，现在公司的CEO的角色和二三十年前大不一样。以前的中间传递的角色现在已不需要,组织变成扁平化。

张忠谋认为科技教育增强了我们决策的能力,科学教我们从广泛的现象推断一些结果。他认为中国需要一个企业的环境,政治稳定是重要的,人才的供应更重要。需要有在世界级学校受过教育的领导层。世界级的学校在美国只有六七家,英国只有一家,日本、中国没有。他比较了几个著名大学:美国麻省理工学院(MIT)学生差不多1万人,经费开销是14亿美元;香港科技大学的学生不到1万人,经费是14亿港币;台湾的交通大学和清华大学,学生共约7千人,投资却是14亿台币。美国哈佛大学出来的学生10%变成美国的领导阶层。他希望见到中国有世界级学校毕业的学生成为领导阶层。

杨世缄则分析中国台湾、中国大陆及新加坡等地的发展利弊,并认为台湾应持续吸引高科技人才并健全投资环境,他并预言:拥有高度潜力的中国大陆如果朝正确方向发展,未来十到十五年内将可成为高科技王国。

3点半到5点参加"应用数学在21世纪的发展"研讨会。

6点半到8点半到台湾师范大学与洪万生的数学史研究群的学生见面并交换一些数学史的信息。很高兴他有许多研究生和他一起从事数学史的研究工作。

2001年12月18日

清晨4点半起床,做点研究。6点和孙述寰教授一起爬圆山饭店后面的草山。空地上有小贩卖菜、卖肉和卖早点。有趣的是山上分了许多不同的团体做晨运。看到许多庙宇,抗荷英雄郑成功也有庙,孔子和关公作他的陪衬。

好久没有运动和爬山,一下子就气喘吁吁,汗流浃背。下山时很高兴用闽南语和小贩交谈，并买了豆浆和很久没有吃了的碗糕。可惜孙教授不敢和我分享这么好吃的早餐，他回旅馆去吃西式早餐。

从8点到11点半有德国数学家法尔廷斯(G. Faltings)、姚鸿泽和王永雄的演讲。数学进展很快，不同领域的人很难了解对方在做什么。坦白地说，20年前搞过的东西，后来不搞了，现在听年轻一代的人说他们的工作，我真是听不懂。

见到了浙江大学来的王斯雷教授，他给我看原来要来参加这次大会的中国数学家的名单，其中包括王元、杨乐、王梓坤和严加安等我认识的人。不知什么原因这些人都没有来台北。

很高兴见到了赖东升教授。赖教授20世纪50年代末期留学法国，师从法国著名数学家埃瑞斯曼(Ehresmann)教授。埃瑞斯曼教授也是吴文俊教授的导师。吴文俊是今年初获得中国有史以来奖金最高的"国家最高科学技术奖"的数学家，奖金达500万人民币。

可惜由于当年国家贫穷，没法让赖教授有足够的时间获得法国博士学位。他回了台湾大学教书。20世纪70年代初他获得1年时间的机会去法国巴黎。我在一次庞加莱研究中心的集会上看到他，他正在勤奋地记笔记。我和他交谈起来，从此熟识。

当时我告诉他，亨利·嘉当(Henri Cartan，陈省身教授的老师E.嘉当的儿子，也是法国布尔巴基派的创立人之一)在我所在的南巴黎大学为未来的中学数学教师开课，讲课很精彩。他听到后，问明时间和地点，老远跑来听课，笔记记得密密麻麻。听完后感动得流泪说："难怪法国的数学会这么好，这样有名的数学家能为学生上课。如果我年轻时能听到这样的课，我也可能成为优秀的数学家。"他感叹当年教书，缺乏研究的条件，课务繁，而且杂务干扰也多。我看他的笔记记得非常详细，问他为什么这样用功。他说："可能我没法子再有什么研究的发现。但是台湾大学有许多优秀的学生，我回去以后尽量把我在这里所学的东西传授给他们。我想总有一天这些人会是台湾的卓越数学家。"

这就是我所敬爱的赖教授——热爱自己的土地和人民,默默耕耘,从来不哗众取宠,立足岗位,为教育事业奉献自己。

他已退休,眼睛不太好,看到我来台很高兴,还关心我的健康。我劝他退休后没事做就写回忆录,见证台湾的变化,不只让他的子孙(他已有孙子),也让更年轻的人们知道历史。他谦和地笑笑,说他的文笔不好,可是倒还想写些微积分的书。

下午听了两个关于图论的演讲。

晚上7点半至9点参加"数学和计算机"研讨会,由刘炯朗教授主持。参与研讨者有李家同、姚期智、丘成桐、万大庆和黄光明。

刘炯朗,我在20世纪80年代初一个美国计算机会议上见过。现在头发全白了,从远处看很像洋人。他的一个学生K教授是我的一个合作者,对我说,刘教授在美国帮助许多中国留学生,而且从来不说别人的坏话——即使对一个极混蛋的人。姚期智是他教出来的学生,最近获得美国计算机界颁发的"图灵奖"(这是计算机科学的最高荣誉,相当于物理学的诺贝尔奖和数学的菲尔兹奖)。黄光明原先在美国贝尔实验室工作。他不但是统计实验和组合数学的专家,也是桥牌的高手,还能写很好的数学普及文章。他现在在台湾交通大学应用数学系工作。70年代他提携了张镇华,一个优秀的青年数学家。80年代他去北京中国科学院讲学,发现了一个工人家庭出生的堵丁柱。我在美国见到他时,他兴奋地告诉我,堵丁柱以后会很突出。他说中国有许多人才,希望海外华裔科学工作者能更多地发现他们并帮助他们成长。

看到香港来的W教授。他是香港大学数学系系主任萧文强的弟子。后来我和他一起研究,尝试解决我的一些猜想。本来以为香港和台湾距离这样近,应该会看到文强,很可惜没有见到他。文强和我都是美国哥伦比亚大学的校友。我们差不多同时开始写数学普及文章。巧的是他用的笔名是"萧学算",而我用的是"李学数"。我们都对中国数学史有兴趣。他很用功,始终如一,勤奋钻研。而我却像有着波希米亚气息的胡人后裔，喜欢数学时可以不知天日，六亲不认地工作；不做数学时，可以全盘放弃，弃之如敝屣，移情别恋到计算机科学去了。数学是一个美丽善妒的女人，你如果不忠于她，她也不会对你布施任何的爱——因此我在数学上没有文强的成就。

邵慰慈、赖东升教授和作者(左起)在2001年12月19日于台北圆山大饭店

2001年12月19日

仍旧是早晨4点起床，就在床上工作了两个小时，解决了一些问题。

6点邀孙教授去爬山。可是他拒绝了，说腰酸骨痛，想赖在温暖的被窝里。我就独自上草山。走到一半，天下起了雨。一个打伞的老人和我一起用伞。我说我是未老先衰，对他那生龙活虎的身体很羡慕。这老先生很可爱，他说他身体很好，却节欲。他劝我好好保养身体，多锻炼身体。他也感叹现在许多人纵情声色，并且通过网络散布色情文化，荼毒青少年，许多学生都性早熟。这是他感到悲伤的事情。

孙教授今天要离开台湾转道香港赴大陆。我提议他去天津探望陈省身先生。我们于 11 点半退了圆山饭店的房间。感谢大会的厚爱，把我们的房租都付了。

午饭与香港来的数学家以及赖东升教授一起吃饭，与他们合拍照片留念。

下午本来有许多图论和组合论的演讲，其中有几个是我的好朋友讲的，可是我要赶去台中探望我的老友 N 教授。

离开美国之前两天收到 N 以前的系主任侯教授从马来西亚发来的信函，请我协助审稿，并告诉我 N 教授一年前已中风，准备于 2002 年 1 月退休，离开台湾回马来西亚定居。

N 是中国著名女作家王安忆的大表哥。年轻时靠勤工俭学来台湾上台湾大学数学系三四年级，后上研究所。曾上过赖东升教授的研习课。由于他的左耳有些聋，听课辛苦，他很少上课，都是孤军作战，自己读书。后来去美国艾奥瓦大学读研究生，在那儿获得博士学位。

他毕业后到一个第三世界国家教书教了 17 年，没想到那儿对华裔是压制的。他在非结合环上有重要的工作，论文在美国著名的 *Proceedings of AMS* 和 *Transactions of AMS* 发表过。有一次，校方高层官员进行例行问话。这些不学无术的官员坐在冷气房间里，而让他在外面骄阳之下等了 1 个小时。一见面他们就对他说："你为我们的国家做了什么贡献？"他听了之后觉得这种羞辱实在太大了，第二天呈上辞函，不为五斗米折腰，赔偿了 1 个月的薪水。他在侯教授的安排下来台湾教书，先后有 15 年之久。

N 是我的学兄，我们曾一起为新加坡南洋大学数学学会工作过。他是学术主任，我是组员。后来他回台湾，我们就断了音讯。他的正直和爱护低班同学，给我留下深刻的印象。

1993年我在台湾彰化师范大学当客座教授。在我离台返美前夕,偶然发现失去联系20多年的N竟然就在相距彰化不远的台中住,真是"相见恨晚"。那次他参加了欢送我的宴会。据说在我回美国的第三天,他就由于以前在台湾读书时染上了肝炎,导致肝昏迷。后来C大姐安排我为暑期进修班老师演讲中国数学史(这些讲稿后来辑成《中国数学五千年》,由台湾书局出版),我回来探望N。在医院见到他腹部鼓胀,硬如石块,全身焦黄,昏迷不醒。看到不熟国语的N大嫂在病床旁日夜守望,我真是欲哭无泪,责问苍天不公,让这样世上少有的好人离开人寰。

我离开台湾后,奇迹出现了。他清醒了过来,从死神手中逃生。他写信告诉我:"医生说这是千万分之一的情形。"我回信说:"救活你的医生,为了保有台湾医学史上千万分之一的美誉,一定不会让你死去,怎样都要救活你。你活得越久他就会越出名。你是活定了!"

在N大嫂悉心的照顾下,N恢复很快。这次来台湾,知道他的肝病引起糖尿病,而又小中风,左眼也盲了。我放弃参加我的朋友傅恒霖、黄大原和邵慰慈的数学报告会,赶到台中看他。

晚上和N夫妇共进清淡的晚餐。N说由于左耳聋,左眼盲,因此他对不想听不想看的事,只用左耳左眼去照顾,不操心少烦恼。我笑谑说他更像"中国的欧拉"(欧拉双眼失明,是大数学家)。N信奉佛教,希望身体好时能做义工。对他这种燃烧自己的火凤凰精神,我是敬重的。

2001年12月20日

中午与N夫妇一起吃素食馆。看到一位穿黄袍的和尚,没有一般佛门和尚的谦卑祥和之气。难道是我老眼昏花,看了政坛太多“大哥型”的人物,也把鲁智深当作“大哥”?

素食馆的东西太好吃了。我平日抱着对食物“不贪”的信条,这次却在美食当头的诱惑之下破戒了。看来我不是当和尚的料。只好拿德国诗人歌德的话“人类会犯的罪恶,我都会犯”来自我安慰。

饱食之后,小睡片刻。下午4点半静宜大学数学系的前系主任黄国卿来接我,准备和现在台中技术学院当总务长的陈伯亮一起吃晚餐。我希望他们能在做行政工作之余还能做些研究工作。我和他们讨论了两个我正在进行的研究课题。我们解决了一部分问题。我希望通过讨论,让他们知道现在国外有什么问题是值得做的,并且也刺激他们继续钻研。

2001年12月21日

C大姐安排台中的一位林老师送我到彰化。

见到了久别的几位老朋友,很是高兴。我的演讲于下午2点开始。我对C大姐任教学校的实习老师们讲“数学之树常青”。通过讲数学史,结合谈怎么教学,怎么尝试做研究。

为了鼓励听众能踊跃发问及回答我的问题,我把N教授的一大包微积分的书籍当奖品。凡是回答正确或较好的听众都能得到一本书。我是“借花献佛”,替N教授积一些“阳德”。希望这些书对这些学生会有用。

我在演讲时不提什么大理论,通过一些小故事希望能给听众一些教书做事的方法。

演讲完毕,我引了印度诗人泰戈尔的一首英文诗:

A teacher can never truly teach

unless he is still learning himself.
A lamp can never light another lamp
unless it continues to burn its own flame.
The teacher who has come to the end of his subject,
who has no living traffic with his knowledge but merely
repeats his lesson to his students,
can only load their minds,
he cannot quicken them.
不求进步的老师,
不是真正的老师。
自己不在燃烧的蜡烛,
又怎能点亮别的蜡烛?
不再主动求知的老师,
就开始重复陈词滥调,
他只能加重学生头脑的负担,
不能激起思想的活力。
(何崇武教授翻译)

希望他们能以此为座右铭。我很惊讶很多老师不知道泰戈尔是谁!

清朝赵翼写有两句诗:“江山代有才人出,各领风骚数百年。”如果我们要看到这个局面在中国出现,必须培养更多的人才。教育是国家的百年大计,对于种种教育的弊端,我们能漠然视之、无动于衷吗?

2001 年 12 月 28 日

10 希望“百花将见万枝红”的中国数学园丁——熊庆来

一个人要“不死”,或留言,或留著,或留德。

——熊庆来送给孙女熊有德的一句话

我为祖国鞠躬尽瘁,死而后已。

——熊庆来临终前的最后一句话

卅来时雨是东风,成长专才春笋同。
科学莫嗟还落后,百花将见万枝红。

——熊庆来

我马上就要过60岁生日了,上帝给我的时间不多了,我要抓紧时间多写一些东西,多做点事。

——熊庆来

书要读好,但也不能只是读书,只是读书上那点东西,还得要发现问题,思考问题,作点研究工作。要随时在脑子里有一两个问题思考。

——熊庆来

1988年的一天,我和一个中国来美留学学数学的青年谈起中国近代数学先驱——熊庆来。

熊庆来

"谁是熊庆来?"这青年问。

我突然有一种错愕的感觉,熊庆来是毕生为中国数学辛勤耕耘的园丁,栽培华罗庚等数学家,陈省身当过他的助教。当中国在1964年成功试爆第一颗原子弹,法国的《世界报》(*Le Monde*)谈起曾留法的物理学家钱三强的工作,就提到钱三强曾是熊庆来的学生。可是却有年轻一代的搞数学的中国人不知道他。

我问这青年:"你有没有看过一部讲华罗庚年轻时的电视?片中那位清华大学数学系系主任就是熊庆来。是他发现华罗庚的才华,把他从金坛的乡下接来北京学数学,华后来才成为一个闻名国际的数学家。"

这青年似若有所悟地哦了一声。

熊庆来(1893—1969)是中国的教育家、数学家,一生献给中国数学的教育和研究事业。先后创办了南京东南大学数学系、西北大学数学系、北京大学数学系、清华大学数学系等,在抗战时是云南大学校长。他发现和培养了数学家华罗庚、徐贤修、段学复、许宝騄、陈省身、庄圻泰、杨乐、张广厚,物理学家严济慈、赵九章、赵忠尧、钱三强,力学家钱伟长等著名的学者。

他将现代数学理论带到中国,并从事复变函数论研究工作。他编写的数学教材曾经是当时中国唯一的高等数学教材,这本教材针对从私塾出来的中国学生,用古文写成,内容既丰富又精炼,从一次方程到微分方程,从加减乘除到复变函数论,仅仅用了500多页。

我认为对中国数学有兴趣的人应该知道一点熊先生的事迹。就是对数学缺少兴趣的人也应该知道一些他的事,这是一个志行高洁、操守坚正、一心想用科学救国的科学家。他的一些事迹是可以让后辈学习仿效的。

让我们打开中国近代史的一页吧!

熊庆来字迪之,1893年生于云南省弥勒县息宰村。那时已是清朝末年,熊庆来的祖父叫熊凤翔,家产很丰厚。他的父亲熊国栋曾先后担任云南省巧家县和赵州府(云南大理附近)主管教育的学官,熊庆来7岁的时候,父母送他到村塾中接受启蒙教育。1906年,父亲把熊庆来带到了他在赵州府的任所。熊庆来和父亲住到了一起,父亲又给他请了庄从礼、赵凤韶两位家庭教师,给他教授法语、数学和其他自然科学知识。他13岁接受新思想、新文化的熏陶。

熊庆来故居在弥勒县城南50余公里的息宰村

乘风破浪是前程,起舞正期效祖逖

14岁时熊庆来考进云南高等学堂的前身云南方言学堂,以学习法语为主。后来又考入了云南高等学堂预科。1909年,熊庆来升入了本科。这一年,他和姜菊缘成婚了。19岁时他又以优异成绩考入英法文专修科法文班学习。当时云南人民正在开展回收云南七府矿产开采权运动，熊庆来也怀着满腔的热血参加了这场运动。但是，在腐朽的清政府统治之下，爱国有罪，卖国有功，熊庆来竟然因为参加爱国运动被学校给以记过处分。

熊庆来 20 岁时考云南官费留学，他以第三名的成绩考取，是云南历史上赴欧美的第二批留学生，同行有缪云台等人，他怀着“科学救国”的理想，要到比利时学习探矿的事业。中国有着丰富的矿产资源，特别是云南，矿产储量丰富，尤其是有色金属和磷矿最多，其中锡、铅、锌都居全国首位。他准备第二年去投考列日大学，学习采矿，将来回到祖国可以从事采矿事业，要用中国人民自己的力量，开发家乡的宝藏。

那时，从云南家乡到比利时真不容易，要先乘小火车去开远县，从开远乘大火车去越南海防，从海防乘船到马赛，再从马赛乘火车，并经过几次转车才能到比利时，行程就要花半年的时间。家里有人反对他远行，怕他以后不回来，他写诗以明志：

祖母爱孙爱不溺，出言明达警姻戚。
乘风破浪是前程，起舞正期效祖逖。

1914 年秋，熊庆来正式考取比利时的列日大学，开始历时八年的留学生活。可是由于第一次世界大战爆发，德军入侵比利时，大学关门。整个比利时陷落了。熊庆来只好离开比利时，经过荷兰、英国，辗转到了法国巴黎，进入圣路易中学数学专修班学习，准备报考巴黎高等矿业学校。但也是因为战争，巴黎的矿业学校也关闭了。学习的艰苦和生活的颠簸，使他得了很重的肺病，

熊庆来在巴黎留学期间

经常是大口地咯血,人也很快消瘦了,他不得不放弃了自己心爱的采矿专业,改学理科。熊庆来是与周恩来、徐特立同一时期去法国留学的学生。

他写字很慢,但是工整极了。在课堂上,老师用法语讲课,因为他写字慢,往往记不下来,为此他很苦恼,后来他改变了学习方法,首先要集中精力听好,把提纲记全,中间记不下来的内容,课后再根据回忆,把笔记补齐。所以他每天晚上都要花一定的时间用来整理笔记,然后做作业。

留学巴黎七年期间,他先是 1916 年在格勒诺布尔大学获得高等数学证书,1919 年先后在巴黎大学及蒙彼利埃大学获得高等分析、力学及天文学三证书,并得到了法国理科硕士学位和马赛大学的高等普通物理学证书。

1921 年 2 月,熊庆来 28 岁时回到中国,先到家乡,并写了一首诗:

人群迎我集村边,喜溯欢声趋向前。
两弟身高不复识,亲儿初见紧相牵!

获得硕士学位的熊庆来

这是他第一次见到大儿子秉信(1913—1974)。秉信是他出国后五个月生的,这时已是八岁了。秉信是中国著名地质学家,受父亲科学救国思想影响,1936 年毕业于清华大学地质系,曾去美国留学。

1921 年他在昆明云南甲种工业学校和云南路政学校担任了物理和数学两科的教员。同年秋,受国立东南大学校长郭秉文先生之聘,到该校新设立的算学系任系主任兼教授。这是他留法期间的同学何鲁的推荐，何鲁还推荐他任南京高等师范学校兼职教授。

在东南大学，熊庆来面临的是一个没有师资、没有教材、没有经验的困境！算学系除了熊庆来，只有一名专职助教和一名兼职助教，他们只能教初等数学。熊庆来要承担绝大部分课程，还要辅导两个助教，详细解答他们在教学和备课中出现的疑问。

在没有任何现成的讲义和教材、没有一套科学的教学方法的条件下，28 岁的熊庆来借鉴在法留学时学过的一些西方教材，拖着本来孱弱且患过肺病的身体，用了 5 年时间，编写出《平面三角》《球面三角》《方程式论》《解析函数》《微分几何》《微分方程》《动学》《力学》《偏微分方程》等 10 多种适合中国学生的数学讲义，把学生引进了世界数学殿堂的大门。

他的这些学生中相当一批成了卓越的数学家、物理学家和高能物理学家。中国第一代物理学家、中国光学研究的奠基人严济慈就是其中的杰出代表。从赴法深造并在短短几年内就相继获得巴黎大学数理硕士学位和法国国家科学博士学位的严济慈开始，法国开始承认中国的大学毕业文凭与法国的具有同等效力。

1926 年清华大学成立，叶企孙请熊庆来担任新成立的数学系的教授和系主任。他和郑桐荪(之蕃，后成为陈省身的岳父)两人承担高等数学的课程，以后又聘请孙光远和杨武之(杨振宁的父亲)两教授。

杨武之，原名杨克纯，1896 年 4 月 14 日生于安徽合肥。1923 年，杨武之顺利通过安徽省公费留学考试，启程前往美国留学。他先到斯坦福大学读了三个学季的大学课程，获得了学士学位。1924 年秋天，杨武之转往芝加哥大学继续攻读。当时的芝加哥大学数学系已属美国一流水平，杨武之师从名家迪克森(L. E. Dickson)，研修代数和数论。1926 年，杨武之以《双线性型的不变量》一文获得了硕士学位,两年之后又完成了博士论文《华林问题的各种推广》,成为中国学者因代数学研究而被授予博士学位的第一人。

熊庆来及夫人(左)、杨武之及夫人

熊庆来不断扩大教授阵容,算学系还有唐培经、周鸿经两位教员,并积极搜购图书、期刊,当时清华数学系的设备,可以说是全国第一。

1930年他代理理学院院长。研究生院成立后,他又同时兼地理系系主任。清华算学系研究生院是中国第一个科学研究机构,陈省身考取该院研究生,先任算学系助教,一年后攻读硕士学位。该研究生院人才济济,除陈省身之外,还有庄圻泰、柯召、许宝騄等人。

1935年7月,在熊庆来和另外几位数学家的倡议下,中国数学会在上海成立,并积极开展国内外的学术交流活动。熊庆来多次参与邀请和接待外国学者来华讲学,例如德国的布拉施克(W. J. E. Blaschke, 1885—1962),美国的伯克霍夫(G. Birkhoff, 1884—1944)、维纳(N. Wiener, 1894—1964)和法国的阿达马(J. Hadamard, 1865—1963),此举对于微分方程、调和分析等现代数学理论在中国的传播或进一步发展起了重要作用。

布拉施克

伯克霍夫

维纳

阿达马

这些学术活动不但使当时听讲的师生大开眼界，也为后来青年人出国深造提供了方便和导向，如华罗庚去英国剑桥投哈代(G. Hardy)门下，陈省身去德国汉堡得到布拉施克的指导，吴新谋师从阿达马等。在清华，熊庆来把在东南大学时的一些好的教学方法搬了过来，以提高学生的运算能力。几年后，在熊庆来和清华同仁们的努力下，清华大学算学系的必修科目水平已经与法国、德国不相上下，比美国还高一些——大学四年级已经相当于美国研究生一年级。

发现华罗庚的才华

1930 年的一天，熊庆来在清华大学当数学系主任时，从《科学》杂志上发现一篇文章，题目是“苏家驹之代数的五次方程式解法不能成立之理由”。

熊庆来知道，苏家驹当时是一个数学老师，他曾发表过一篇文章，谈到了代数五次方程的解法，现在有人来否定他的结论，熊庆来觉得值得一读。

熊庆来越读越觉得这篇文章写得好，推导正确，他在文章标题下面找到了署名——华罗庚。没听说过这个人，他是不是刚刚从国外留学回来的呢？问问归国留学生联合会吧，也许他们知道这个人。归国留学生联合会也从来没听说华罗庚这个人，熊庆来很

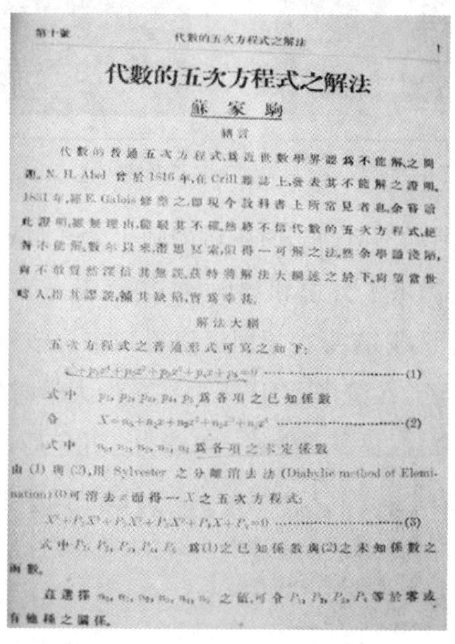

第十卷　代數的五次方程式之解法　1

代數的五次方程式之解法

蘇家駒

緒言

代數的普通五次方程式，爲近世數學界認爲不能解之問題。N. H. Abel 曾於1816年，在Crill雜誌上，發表其不能解之證明。1831年，經E. Galois修整之，即現今教科書上所常見者也。余嘗讀此證明，雖無理由，能駁其不確，然終不信代數的五次方程式，絕對不能解，數年以來，潛思冥索，似得一可解之法。然余學識淺陋，尚不敢貿然深信其無誤，茲特將解法大綱述之於下，尚望當世哲人，指其謬誤，補其缺陷，實爲幸甚。

解法大綱

五次方程式之普通形式可寫之如下：

$$x^5+p_1x^4+p_2x^3+p_3x^2+p_4x+p_5=0 \quad \cdots\cdots(1)$$

式中　p_1, p_2, p_3, p_4, p_5 爲各項之已知係數

令　$$X=n_0+n_1x+n_2x^2+n_3x^3+n_4x^4 \quad \cdots\cdots(2)$$

式中　n_0, n_1, n_2, n_3, n_4 爲各項之未定係數

由(1)與(2)，用 Sylvester 之分離消去法 (Diabylic method of Elemination)，可消去 x 而得一 X 之五次方程式：

$$X^5+P_1X^4+P_2X^3+P_3X^2+P_4X+P_5=0 \quad \cdots\cdots(3)$$

式中 P_1, P_2, P_3, P_4, P_5 爲(1)之已知係數與(2)之未知係數之函數。

茲選擇 n_0, n_1, n_2, n_3, n_4 之值，可令 P_1, P_2, P_3, P_4 等於零或有他種之關係。

苏家驹的文章

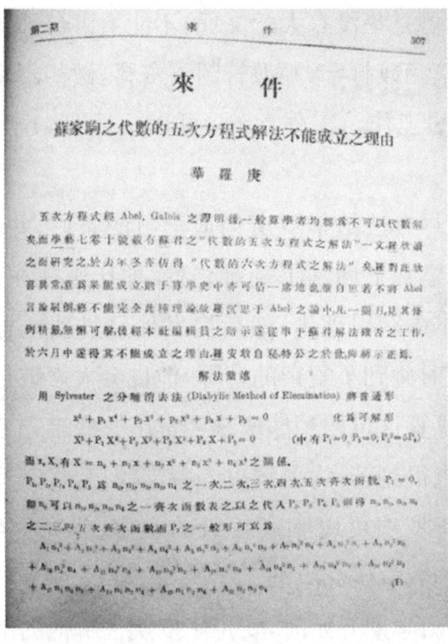

第二期 來 件 307

來 件

蘇家駒之代數的五次方程式解法不能成立之理由

華羅庚

五次方程式經 Abel, Galois 之證明後，一般算學者均認爲不可以代數解決。而學藝七卷十號載有蘇君之"代數的五次方程式之解法"一文，羅欣讀之，並研究之。於去年冬季復得"代數的六次方程式之解法"矣。羅對此欣喜異常，意蘇果能成立，則於算學史中亦可佔一席地。然羅自思若不將 Abel 言論駁倒，終不能完全此種理論。故羅沉思於 Abel 之論中，凡一閱月，見其條例精嚴，無懈可擊。後經本社編輯員之暗示，遂從事於蘇君解法錯否之工作。於六月中遂得其不能成立之理由。羅安敢自秘，特公之於世，與研究者焉。

解法簡述

用 Sylvester 之分離消去法 (Diabylic Method of Elemination) 將普通形

$x^5+p_1x^4+p_2x^3+p_3x^2+p_4x+p_5=0$ 化爲可解形

$X^5+P_1X^4+P_2X^3+P_3X^2+P_4X+P_5=0$ (中有 $P_1=0, P_2=0, P_3^2=5P_4$)

而 x, X 有 $X=n_0+n_1x+n_2x^2+n_3x^3+n_4x^4$ 之關係。

P_1, P_2, P_3, P_4, P_5 爲 n_0, n_1, n_2, n_3, n_4 之一次，二次，三次，四次，五次齊次函數。$P_1=0$，則 n_0 可以 n_1, n_2, n_3, n_4 之一齊次函數表之，以之代入 P_2, P_3, P_4, P_5 而得 n_1, n_2, n_3, n_4 之二，三，四，五次齊次函數，而 P_2 之一般形可寫爲

[illegible] (I)

《科学》上刊登华罗庚认为苏家驹的解法是错误的文章

是遗憾。这件事恰巧被唐培经知道了，他是江苏人，跑来告诉熊庆来说，华罗庚是金坛学校的庶务员，只念过初中，后来就失学了，做了一家店铺的店员。

熊庆来决定邀请华罗庚来清华大学，他给华罗庚写了一封信，让华罗庚寄一张相片来，以便派人在车站接他。唐培经拿着华罗庚寄来的照片，在北京前门火车站接到了由金坛北上的华罗庚。

华罗庚在清华期间照

熊庆来看到，站在他面前 19 岁的华罗庚，一头蓬乱的头发，拖着一条残疾的左腿(他因得伤寒而致残)，面孔有些稚气，好像还带点呆滞。熊庆来和这个残疾青年谈了起来，真是

越谈越喜欢。可是华没有大学文凭，不能上讲台，先让他当助理员吧，经管收发信函兼打字，并保管图书资料，做些收发文件、代领文具、绘制图表的工作。工作之余，可以去听课，也可以到图书馆看书。

熊庆来想尽办法给华罗庚创造学习的条件，并亲自指导他自学。华罗庚在学习上遇到了疑难之处，熊庆来往往是借给他几本书，让他从书本中获得理论，然后启发他经过独立思考，去解决自己的疑难。有时碰到了复杂的计算，他也会大声喊道："华罗庚，过来一下，帮我算算这道题！"熊庆来经常出一些难题考他，锻炼他的思维，华罗庚也很刻苦，为了解决一些难题，常常是几个通宵不眠。半年还不到，华罗庚可以和高年级的学生、研究生坐在一起听课了，开始了他的数学研究生涯。

熊庆来在新学期开始时，安排华罗庚去听他的解析数论课，这门课比高等数学分析更复杂，他要激起华罗庚更高的学习热情，让他迎着困难勇敢地向前冲击。

不到一年半的时间，华罗庚旁听了数学专业的全部课程，不久他终于达到大学算学系毕业生的水平，已经能用英文来写数学论文了。他的三篇论文在国外的刊物发表后，引起国外数学家的重视，这在清华是创纪录的。

清华大学理学院第一任院长是叶企孙（1898—1977），出生于上海一个书香门第，1918 年毕业于清华大学，后来留学美国，在哈佛大学获得哲学博士学位，回国后曾经受聘东南大学，后来到了清华大学，创建了清华大学物理系，成为清华大学的领导核心人物。同时，他也是中国物理学会的创始人之一。

熊庆来和叶企孙全力推荐和争取让华罗庚当清华大学的正式教员，当只有初中毕业文凭的华罗庚被破格任命为数学系助教时，熊庆来已来到法国巴黎进行研究工作。不久，华罗庚又被晋升为讲师。

熊庆来回国以后，第一件事就是看望华罗庚并向他表示祝贺，使华罗庚感到无比的激动。

华罗庚在熊庆来及杨武之的关怀下，开始集中研究数论，取得了举世瞩目的成果。1936 年，经熊庆来推荐，华罗庚前往英国剑桥留学，拜理论数学教授哈代为师。

华罗庚只用了八年的时间，就完成了从管理员、助教、讲师进而到英国剑桥大学研究深造，1938 年回国受聘任昆明西南联大教授的学术起步历程，这时他年仅 28 岁。从此，在攀登数学高峰的崎岖小路上，出现了一个成就卓著的、蜚声中外的中国数学家。

华罗庚

熊庆来的孙女熊有德在《我和爷爷熊庆来》一书讲述了华罗庚一生对熊庆来感恩的故事：

新中国成立之初，毛泽东主席亲自接见了出身贫苦、自学成才的数学家华罗庚，各大报刊也纷纷介绍了华罗庚先生的生平。华罗庚先生没有忘记爷爷，每次介绍都要提到爷爷是怎么样发现他的，又怎么样提拔他、培养他的。那时爷爷还在国外，只有奶奶和家人在国内。

大约是 1953 年，华罗庚先生去云南出差，这是建国后他第一次重返云南。到了云南昆明的第一件事就是要找到奶奶。华罗庚先生知道父亲是在云南担任个旧马拉格锡矿的矿长，于是托人找到父亲，要了奶奶在昆明的地址。当时奶奶住在昆明市敬吉唐巷 9 号。这是一条小小的街道，也没有路灯，不易找到。那时没有地图，全凭问人，但有谁知道这位当年有名的熊庆来的夫人呢？奶奶已经完全和大家一样，成为一个极普通的家庭妇女。一直到天黑他还没有找到，他和随行人员只好用手电筒一个一个门牌地去找，并逐门逐户地去询问。

多年后，华罗庚先生回忆起来对我说："我们到昆明的一个小巷里去找你奶奶，当时我心里有说不出来的感觉，难道当年誉满天下的熊庆来的夫人会住在那么偏僻的小巷里？正当我和同来的人寻找这条无人知道的小巷时，发现后面有几个黑影跟着我们，不知道是什么人。那时云南刚刚解放，土匪还不少，不要是碰见什么土匪了吧？同来的人立刻把我推在后面，转身向那些人走去，后来才发现那些人也打着手电筒在找什么。再一问，他们是云南省人民政府派来的保卫人员，他们也在帮助我们寻找这条偏僻的小巷。"

…… ……

1976年毛主席去世，不久"四人帮"被粉碎，华罗庚先生立刻打听到是胡耀邦在处理"文革"中的各种事情，于是要求见胡耀邦。胡耀邦接见了华罗庚，问起他的处境。当时华罗庚先生的处境不是很好，但是他首先讲了爷爷，并向胡耀邦提出为爷爷平反和举行骨灰安放仪式的建议。胡耀邦接受了他的建议，决定在举行全国科学大会之前，为爷爷正名。

…… ……

我曾经问过华罗庚先生，他为什么对爷爷那么尊敬，对我们那么好？他说，他是一个没有进过学堂的人，爷爷从他的一篇文章里知道了他的数学才能，托人把他请来清华。当时他有点为难，怕念书耽误了工作，而没有钱养家。爷爷就让他为系里的其他老师打扫卫生，擦黑板，支付他一份比其他工友高的工资，以便他养家。同时他又可以在上课时和同学们一起听课，并自修英文、德文、法文。这样他就可以边工作边上学了。有些教授和学生看不起他，认为他只是一个小工友。他和爷爷讲了这个情况后，爷爷为了不让别人轻视他，在正式公文中称他为系主任助理，并且故意让他给系里讲解一些数学题，使别人了解他。

华罗庚先生没有进过学堂，程度低，爷爷就一点一点地从基本教起。更主要的是教了他一个好的学习方法。从定义来“写”书，再回过头来看自己“写”的和老师讲的、书上写的有什么不同。华罗庚先生回忆起来说，这种方法开始很慢，后来就越来越快。有时他做梦都在“写”书，一年下来他赶上了同科的其他学生。1933 年，爷爷排除众议，力主提拔他为助教，讲授“微积分”的课程。当时，许多教师反对，但是爷爷认为不要为资格所限制。后来爷爷又推荐他去英国留学，以便深造。他认为自己有今天，全靠爷爷的培养和支持。新中国成立后，他的名气比爷爷大，爷爷一点不嫉妒他，而是尊敬他，继续支持他。他说：“人在世上，难得一个知己的导师。我的运气就在于碰到了你爷爷，你爷爷了解我、支持我，为我的成长开辟道路，让我得到发展。”

关于这些，爷爷从来没有对我提起过，他只是让我好好向华罗庚先生学习，学习他刻苦学习的精神。爷爷说他能从一个没有念过几天书的商店店员，念完了大学，成了数学家，是很不容易的。

40 岁获得法国国家理科博士学位

熊庆来 30 岁而立之年时决定要走从事数学的道路，他仅仅用了两年就完成了法国国家数学博士论文《关于无穷级整函数与亚纯函数》，在 1933 年获得法国国家理科博士学位，这时他已是 40 岁了。由于他以前下苦功背诵法文文章，写出的毕业论文文笔优美，语法严谨，受到法国老师的称赞，以为是有法国人帮忙改的。当熊庆来说是他自己写的时，老师惊奇地说，连法国人也写不出这么好的法文文章。

回来后他仍旧到清华大学教书。1937 年云南省主席龙云想发展云南的教育，提出请他当云南大学的校长。熊庆来看了龙云的发展大学意见书，并且提出校务行政应由他全权处理，政府不可以干预，学校独立于政府控制之外。熊庆来以“桑梓亲切，各方友好，返滇服务，义不容辞”的思想，回乡办学，龙云接受了他的条件。

于是坐落在昆明西北的省立云南大学，在熊庆来上任后变成国立云南大学。当时政府拨给大学的经费不多，熊庆来设法争取到中华教育基金会中央庚子赔款董事会的一笔数目不少的补助，用来添置学校设备。又设法从内地请了一批卓越的教授学者来教书，如何鲁、萧蘧、顾宜荪、赵忠尧、蒋导江、严楚江、范秉哲、吴文藻（冰心的丈夫）、费孝通、吴晗、胡光炜、吕叔湘、崔芝兰、朱树屏、郑万钧、庄圻泰、彭桓武等。

熊庆来（前排中）在云南大学

在他的主持下，云南大学由之前的3个学院扩张为具有5个学院18个系3个专修科的综合性大学。在不到一两年的时间里，云南大学就从一个"未入流的简陋学校，跃变为文、法、理、工、医、农门类齐全，具有相当水平的大学，跻身全国有名的大学之列，直到被吸收进《大英百科全书》'中国大学'之中"。其中，到了抗战后期规模日趋完善的云大医学院，被当时的法国报纸称为"中国培养医药卫生人才的中心"。

任云南大学校长期间的熊庆来(20世纪40年代)

熊庆来还为云南大学的校歌填词：

> 太华巍巍，拔海千寻，滇池森森，万山为襟，
> 卓哉吾校，与其同高深。
> 北极低悬赤道近，节候宜物复宜人。
> 四时读书好，探研境界史无垠，
> 努力求新，以作我民，努力求真，文明允臻，以作我民，文明允臻。

有不少云南人抽烟抽得厉害，损财伤体。熊庆来当校长之后贴布告，大学生禁止抽烟，若发现要记过处分。他对学生说："在我们云南有个吸烟的习气。无论是年老年少都爱吸烟，改掉它和我们解一道难题一样，需要决心和毅力。"

熊庆来从1921年第一次回国，先后任东南大学和清华大学算学系教授、系主任，1930年代理清华大学理学院院长，后又担任云南大学校长，这期间熊庆来从来没有利用职权谋取私利。

在东南大学时,物价一天三涨,货币贬值很快。他总是叫家人最后去领他的工资,宁可自己损失,也决不利用职权去提前领工资。

在清华大学教书时,每年招考新生的数学试题都是他拟定的。可是在大儿子秉信报考清华大学那一年,他拒绝出题,由别的教授出题目。在选新生、助教和选送出国的留学生时,他从来秉公处理,不讲私情,别人要"拜托走后门"对他是行不通的。他因此被一些人看成"不识时务者"。

在云南大学时,校园有许多枇杷树,有一次结果季节,有一个赵主任叫人采下枇杷拿出去卖,也给校长送了一筐。熊夫人说不要,可是赵主任却说这一点点给校长尝,没有称过,不好收费。熊庆来回家看到很生气,叫秉信和秉明把这筐枇杷送回去:"不收费,不要说一筐,就是一个也不能要。学校的东西,随随便便归了我们自己,这叫什么?这叫损公利己啊!我们刚开完校务会议,在我的提议下,把矿冶系的林主任辞退了,原因是学校买仪器,他吃了回扣,而且不止一次。这种事,我们不严肃处理,今后的校风是不堪设想的。"

时任云南大学校长的熊庆来的校长居所

当时是抗战末期，熊庆来为了支持前线抗日，节省汽油，决定不坐汽车，认为“一滴油就是一滴血”。我想又有人会认为这是不识时务者的做法吧！

熊秉明后来要报考大学，当时熊庆来是云南大学校长，他不允许儿子报考云南大学，后来秉明读了西南联大哲学系。这也是要破除中国的“一人得道，鸡犬升天”的“传统”。

在 1949 年他去法国开会，带了 1 000 美元的公款去巴黎为学校买书。其间，不幸半身不遂，右手和右脚有毛病，走起路来有一点跛，流落在巴黎，贫病交迫，生活要靠以前的同事和学生像陈省身、林家翘等来救济，可是那钱却始终未用。后来他买好了图书资料，特请一位留法归国学生带回北京，交政府转给云南大学。

回归祖国

熊庆来在法国生活困难，国民党方面的人像陈立夫、傅斯年等都来劝他到台湾去工作，说那里的条件和工作都好，蒋介石曾派陈果夫专程去邀请他。梅贻琦在台北创办了原子能研究所，邀请他做附属大学的教务长，而且连旅费都汇来，可是熊却把旅费退了回去。

祖国大陆许多人都希望他回去，1954 年华罗庚率领中国代表团去瑞士参加世界数学大会，同时带了一封周总理的信给熊庆来。1957 年 4 月周恩来又给他写了信，欢迎他回国。

中国驻瑞士大使馆根据周总理的指示，给熊庆来一笔安家费，以便购置他所需要的物品。但熊庆来只带了两个简简单单的箱子踏上回国的路程，国家的钱分文未动，全部还给国家。熊当时替法国杂志写函数论的专门文章，写完之后就飞回北京，那是 1957 年 6 月的事了。

熊庆来在20世纪50年代

政府把他安排在中关村中国科学院宿舍26楼101号,在一个月安顿之后中国科学院数学研究所举行了欢迎他回来工作的大会。在大会上他站着发言,虽然华罗庚所长请他坐下讲,他执意站着讲话:

“今日向科学进军,我得加入行列,更是兴奋,虽自知才拙,又为病累,但想到大数学家庞加莱说的几句话,终究不敢暴弃,他大概这样说:‘科学上的胜利,有如战争中的胜利,其取得往往需要多数人的力量,冲锋陷阵的得有人,擂鼓鸣金的也不可少。’现在国家期待的是一个大的胜利,所有的力量都得用出,都会有作用,在这意义下,我也应该尽我所有的力量。因此我毅然应召返国,并诚恳表示,我愿将我的一点心得献给下一代的同志,我愿在社会主义的光芒中尽瘁于祖国的学术建设事业!

数学研究所工作同仁已成为一个争取刚才所说的大胜利的队伍,阵容整肃,人人精神焕发,跃跃欲试,又有个勇猛名将华罗庚同志带队,已有的表现不必说,将来的胜利自不待筮卜。我得参加这样一个队伍,纵不能上前冲锋,在后擂鼓也是十分荣幸的……”

在热烈的掌声中,华罗庚所长紧紧地握住了熊老师的手。

他给在云南的秉信信中说科学院各级领导都很关心他,他因

华罗庚在20世纪50年代

年纪大了，不便参加行政管理工作，也不愿意参加政治活动。他只想带几个学生从事数学研究，一切还等安排就绪。

熊庆来的专长是复变函数论，其突出贡献是建立了无穷级整函数与亚纯函数的一般理论。在他回国后的七年中，在国内外学术杂志上发表了近20篇具有世界水平的数学论文。

他曾以法国生物学家路易·巴斯德的话勉励年轻人："巴斯德曾说过：'立志、工作、成功，这是人类活动的三大要素。立志是事业的大门，工作是登堂入室的旅程，这路程的尽头就有成功在等候着，来庆祝你努力的结果！'这段名言已成为我的座右铭。"

他常用巴斯德在国家经济大恐慌的关口拼命研究细菌学成功，从而消除了当时法国蚕瘟、酒腐两大危机，使法国有钱偿还敌国战争赔款的故事来激励青年科学家。

他在数学研究所当研究员，并担任了所务委员会委员、学术委员以及函数研究室主任等职。

怎样培养年轻一代的数学家

华罗庚曾说："熊先生不是教我读书，而是教我写书。"

杨乐(右)和张广厚(1977)

在熊庆来去世之后,杨乐为《世界》杂志写了一篇《忆熊庆来先生》的文章,他写道:

我和张广厚同志于1962年考入数学研究所,成为熊庆来先生的研究生。当时他已是古稀之年,并且1950年初在巴黎时曾患脑溢血致半身不遂,行动不便,步履艰难。然而我们到所后不久,他便组织我们举办讨论会,报告亚纯函数的基本理论。

数学所距熊先生的家稍远,且位于四五层楼上,由于熊先生坚持每次讨论班都要亲自参加,所以我们在离他家较近的福利楼一层(当时科学院的工会俱乐部)商借了一个房间充作教室。

有时找不到车辆,熊先生便步行前往。对于普通人来说,这段距离大约七八分钟就可以走完,可是熊先生迈着艰难的步伐要走上四五十分钟,上下楼更是费劲,几乎一步一停,我们在旁边搀扶的年轻人都感到很焦急,可是他依然十分坚定地向前走着。

……在他半身不遂后的近二十年中,一直坚持做研究工作。右手已不能握笔,他就用左手写字,右手勉强压纸,有时用左手非常费力地写了十多行字,压纸的右手却不慎将纸扯破,但他毫不气馁,又重新写起。撰写外文稿时,他缓慢地用左手一个字母一个字母地打字。就是这样，他依然做了很多研究工作，发表了不少学术论文。

我到数学所跟随熊先生学了九个月后，在亚纯函数的重值上有些心得和体会，便做了一些研究工作，写成文稿，送熊先生审稿。审完后，熊先生笑呵呵地拿出一束讲稿。

原来在一年前他曾在北京崇文门旅馆举行的函数论会议上报告过一项研究工作，那次报告内容与我文章中有一部分讨论的问题相同。崇文门会议时，我还在北大学习，而且适值寒假返回江苏，没有去听讲。熊先生一再说明我得到的结果比他精密，方法也不相同。此后，熊先生改进了他的结果与方法，撰写成论文发表在 1963 年的《中国科学》上。就在这篇论文里，他三处提到我对他这项研究工作的作用与影响。

熊先生是我国数学界的元老，而我则是刚踏上征途的新兵。即使仅以年龄而论，他也比我大了四十七八岁，然而在和我相处时他依然是那样谦逊。在学术上，他对别人的任何一点作用都认真地予以肯定，而对自己却要求很严格，这给我很深的教育，留下了难忘的印象。

熊先生对我们的学习与研究，要求十分严格。例如，当我撰写亚纯函数第一篇论文时，已写成文稿，熊先生审阅后对于所得的结果比较满意，但是希望我能举出具体例子说明定理的结论是精确的。

近代数学发展得十分抽象，理论也很深奥，要举出实例有时是相当困难的。当熊先生刚提出这个问题时，我简直感到束手无策，憋了好几天。如果不是老师的明确要求，作为刚开始学习做研究工作的我来说，也许坚持不下来。经过反复的分析、思考，终于举出适当的例子，对定理作了圆满的说明。

过去法国许多数学家在函数值分布论上有卓越的贡献，

许多论文是用法文撰写的。1963年春天,熊先生要我将一项工作写成法文发表。这对我是一个难题。我在大学里仅读过一学期法文,经过努力勉强能读法文的数学文章,可是距离自己用法文书写还很远。

撰写时,几乎每句话都费了一番斟酌:语法上有否错误?是否符合习惯用法?有时还去查阅法国学者的论文,看他们是怎样陈述的。一连几个星期,费了很大的劲,才把初稿写成。在这个过程里,熊先生一直热情地鼓励我。最后又十分仔细地批阅,每一页文稿上都作了好几处的批改。作为用左手写字的老师,他该是花费了多大的工夫啊!

当我们用中文撰写论文时,熊先生也是要求非常严格,并作认真的批改。他主张用文言与白话相结合的方式撰写学术论文,以达到陈述精练的目的。他认为用文言撰写太"硬",读起来费力;纯粹用白话又太"软",不够简练。

在熊先生的长期熏陶下,我们逐渐养成了良好的习惯,每次撰写数学论文,从初稿到定稿总要认真修改三四遍,力求数学的表达方式达到完美的地步。

熊先生十分重视开展学术活动,活跃学术气氛。在他的热心倡导之下,北京地区从事复变函数论研究工作的同志每两周在他家里聚会一次举办讨论班。这个讨论班曾持续多年,一直到"十年浩劫"前夕才中断。

讨论班里除熊先生外有庄圻泰、范会国、赵进义等好几位老教授,有中年的讲师、副教授,也有年轻的助教、研究生,济济一堂,切磋学术。从熊先生算起,已经是师生四代,可称得上是"数学上的四代同堂"。

这个讨论班对学术交流起了良好的作用。中、青年同志常常在讨论班上报告自己的研究成果以及国际上的新进展;老教授们都听得非常认真、仔细,有时还提出问题,发表评论。

报告结束后，熊先生、庄先生等经常要讲述一些问题的起源、历史背景，这些往往是书籍、论文里难以找到的东西。大家也借这个机会交流近况，互通消息。

在熊先生的积极推动下，六十年代初期的八年间曾经举行过四次全国性的或北京地区的函数论会议。他每次都认真准备，积极参加，并向会议提交学术论文。

熊庆来铜像

熊庆来的工作

熊庆来在 20 世纪 30 年代开始从事函数论方面的研究，一生中共发表具有创造性的论文 60 多篇，编写 10 余种图书。在去世之前，他写了《亚纯函数与函数组理论》及《代数体函数论》两本书，可是却没法完成，这实在是很可惜的事。

熊庆来的学生张广厚(1937—1987)，在去世之前写的《整函数和亚纯函数理论》一书，在 1988 年获得优秀科学书籍奖，该是继承他未竟的事业。

他的另外一个学生杨乐(1939—) 和张广厚在 1965—1977 年在整函数和亚纯函数的值分布方面有重要的工作，解决了 50 年来一个“奇异方向分布”的难题。杨乐曾是中国科学院数学研究所副所长和所长。

在旧中国要从事科学研究的工作很不容易，有些从外国学了科技回来的人,要么“学非所用”当一个官,最后所学的东西就付之东流,和自己的工作没关系;如果从事教育工作,繁重的教学和行政工作把一个人拖累,最后也就远离科研。

熊庆来最早把近代数学引进中国,他一生抱着科学救国、教育救国的理想,直到晚年他仍想提拔栽培年轻的数学家。他曾对张广厚和杨乐说:“我已经老了,对你们没有多少具体帮助。但是老马识途,我愿意给你们领领路。”

“文化大革命”中,熊庆来受到冲击后逝世,1978 年 3 月 16 日中国科学院为其平反昭雪,举行了骨灰安放仪式。在科学院副院长主持的熊庆来骨灰安放于八宝山的仪式上,钱三强这么总结熊庆来的一生和工作:

“熊庆来同志是一位优秀的数学家,又是出色的教育家,他把自己的毕生精力都献给了我国的科学与教育事业。他对我国近代数学的兴盛和发展做出了很大的贡献。

熊庆来同志在学术上有较高的造诣,专长于函数理论,先后发表学术论文 50 余篇。他早年对整函数亚纯函数一般理论的建立作了许多基础性的工作。在函数值分布论方面的贡献,受到国内外数学界的称誉。他最早在我国高等学校开创现代数学的研究,推动了我国数学学科的发展。

熊庆来同志治学严谨,重视基本理论学习和基础训练。在担任大学校长时,仍兼任数学教授,亲自授课。他善于开发,诲人不倦,奖掖后进,敢于不拘一格地大胆选拔人才。著名的数学家华罗庚同志就是熊庆来同志发现和选拔的。我国的许多科学家,也都得到熊庆来同志的教益。在晚年,熊庆来同志又亲自指导杨乐、张广厚的工作,使他们迅速成长,做出了具有世界先进水平的成果。对我国乃至对世界数学的发展有着卓越的贡献。

……熊庆来同志愈至晚年,仍壮心不已,克服身残多病的困难,孜孜不倦地致力于科研和培养干部,为科学事业献身。”

鹣鲽情深的夫妻

熊庆来 3 岁的时候，父母就按照当地的风俗，给他订了婚。这个女孩叫姜菊缘，和熊庆来同年同月早三天生，两人 16 岁时结婚。熊庆来 3 次赴法国，前后共 18 年，家中全赖姜菊缘独立支撑。

熊庆来的家是一个旧式的大家庭，有祖母、叔伯、父母和弟妹。

1913 年，对熊庆来来说是一个双喜临门的年头。一喜，是他的长子熊秉信出生了；二喜，是他以第三名的成绩考取了出国留学生。熊庆来向全家人宣布了这个消息之后，没想到伯父竟不同意他去留学。

正在熊庆来感到有点为难的时候，没想到他的祖母竟然支持他去留学，这使熊庆来又感到了希望。熊庆来回到自己的房子里，见到妻子姜菊缘。姜菊缘是一位典型的贤妻良母，结婚以来，熊庆来一直在外面读书，在这个大家庭里，这个弱小的少妇，凭着她的聪颖，周旋于祖母、叔伯、父母和弟妹之间，深得大家的赞许。

姜菊缘一边服侍熊庆来洗脸，一边发自内心地对熊庆来说："放心地走吧，家里的事不必挂念，我去说说，伯父会同意的，再说他也会听祖母的话。只要你用心读书，学得本事回来，大家都会高兴。"

熊先生去世之后，熊夫人写了《回忆迪之二三事》，其中写道："我和我的丈夫迪之共同生活了 42 年(其中 18 年是他先后 3 次到国外去的时间，不计算在内)。在我们互敬互爱相敬如宾的日子里，他的为人给我留下了难忘的印象。

他很热爱学习，当我和他结婚不到一个月，他就到昆明读书去。祖母问他说是不是你们夫妻感情不好，他说不是，读书要紧。我们结婚三年半,他每年放寒假才回家。暑假他不回来。后来考取留学生,出国八年才回来。在国外留学时,他写信回来对父亲说:'戏院、酒店、舞厅男不喜入,谚语道一寸光阴一寸金,寸金难买寸光阴。努力读书为要。'另外他认为跳舞就会和外国女朋友要好,就要和她们结婚,丢掉家里的妻子,这是很不道德的……

……他工作很刻苦认真,在东南大学任教时,学生大都很聪明用功,如严济慈、胡坤升、赵忠尧等著名科学家都是那时的学生。由于那时在中国现代高等教育尚属初创,所以缺乏教材,他就自己编讲义出习题。他一人编好几种讲义还同时讲几门课(如微分方程、微积分、高等分析、球面三角、偏微分方程等),他出的习题很多,学生做得也快,所以他不仅编讲义的任务重,批改习题的任务也重。当时他又有严重的痔瘘,编讲义等都是在床上趴着写。每天还要到学校去讲课。虽有一助教,但因程度所限,不能帮助改习题而且还做习题让迪之改。所以他忙得很,每天工作到深夜。我也陪着他坐着。这时我替孩子编织毛衣等。在清华大学任教时,他也是废寝忘食。每天中午我们打三四次电话催他回家吃饭。在云南大学任校长时,也曾同时每周担任几小时的课,是义务没有额外报酬。因为他觉得学生的数学程度低,他要尽可能提高他们的学习质量。

1957年他回到祖国的怀抱,看到祖国欣欣向荣的景象,分外兴奋。作了不少诗和文章来歌颂新中国。当他从收音机听到我国第一颗原子弹爆炸成功的消息时,我坐在他旁边见到他情不自禁地站起来鼓掌,高兴地说:'我国也有原子弹了!'他虽半身不遂,仍孜孜不倦地用左手写论文。刻苦钻研数学,辛勤培养学生。在他已是七十高龄的时候,还接收了两名研究生——杨乐和张广厚同志。这是他一生中最后培养的两名学生。因他年老有病,领导照顾他在家里工作。每天吃过早饭他就伏在书桌上工作,下午、晚上也是如此。自觉地积极地工作，为祖国贡献出所有的力量。在‘文化大革命’中，虽受了不少折磨，但他始终没有怨言，总以国家和人民的利益为重。直到临终的前一天在他写的一个检查中，他还表示要为人民鞠躬尽瘁、死而后已……”

20世纪60年代熊庆来及夫人在北京

姜菊缘没有受过高等教育，熊先生始终“糟糠之妻不下堂”，对夫人亲敬有加。在清华大学担任系主任的时候，熊庆来不时向校工订菊花放置在居所。云大石阶上每过节庆都能看到盆盆金色的菊花，原来这个也是沿袭他的习惯，这样算来这个习惯就已经延续了六十多年了。他喜欢菊花，因为他的夫人叫“姜菊缘”，而且生日是九九重阳。每到金秋，他便买来菊花放置石阶两旁。

在他当东南大学教授时，物理系高年级有一个叫刘光的学生，是浙江金华人，时常看望熊庆来并解出熊给的难题，熊庆来觉得他是一个人才，可是家境贫苦，如果毕业之后能让他出国深造对祖国科学有帮助，于是找了几个教授，大家轮流负担刘光出国的费用。有一次轮到熊寄钱，熊夫人向他提醒该寄钱了，他以为家里有一百元,可是由于熊经常生病,又不断支持生活有困难的学生,家里已没有剩钱,因此他决定把挂在墙上的皮袍子卖掉。熊夫人说这怎么行,他身体不好,没有御寒衣服会病倒,可是他却说天要转暖,可以不要穿,寄钱要紧,叫夫人卖掉。熊夫人收起皮袍子,找了一个熊的老同事,借了一百元,给刘光寄去,以后她又省吃省用,节约了一笔钱还给人家。

刘光后来成了著名物理学家,他不知道老师曾为他而卖袍子的事,十多年之后偶然和师母谈天才了解这事,感动得热泪盈眶。

熊庆来后来带秉明出国攻读博士学位时,熊夫人就带了三个孩子由北京搬到南京,在那里他们有几间小平房,为了增加收入,熊夫人把多余的房子租出去,并在自己房前开地种菜、养鸡,尽量节衣缩食,孩子们的许多衣服都是自己做,把积下来的钱汇给巴黎的熊先生。熊先生后来说:"没有我妻子的全力帮助,我是不会成功的。"

他第二次出国时已年近40,他以顽强的精神,经过两年的艰苦工作,完成了他一生最重要的研究成果并获得法国国家理科博士学位。

1949年熊庆来在巴黎参加联合国教科文组织的一次会议期间,不幸患脑溢血而致右半身瘫痪,但他并未向病魔屈服,以顽强的毅力用左手学会写字。法国著名数学家蒙代尔、阿达马等通过各种组织如法国研究中心、《数学》杂志编辑部为他争取一些医疗费。他右手不能写字,后用左手写了一封信给夫人:

菊缘贤卿:

我的病好了,大约再有一月可出院,院中看护照应颇好,院费因法师友关切设法可免交。此病由血压过高致脑溢血而半身不遂。经检查脑未甚受伤,右手足恢复情况尚好,左半身完全正常，扶梯栏杆可自行上下楼，惟右腿尚稍笨重，不能多走，右手活动有进步，惟手指尚硬，可拿较为粗之物，只得练习左手做书，此信为左手所写，你看如何……秉明在法于学甚勤，且愈深入愈觉所得之不足。现在家中由秉信儿接济未免过苦，以后我与明儿拟尽力节省，汇回一点以减家中困难。卿体望珍重，不时延医一看，惠女、群儿信正慰我，还望秉信、秉衡时有书来才好。

近安。外婆处望代禀候！

亲友均为致意

夫迪之左手书

一九五一・六・八日

一个坚强的人，不会容易被命运所压倒，生活的挫折能使弱者沉沦，可是对于一个坚强的人，是一种挑战，伤口愈合之后，他会顽强地站起往他的目的地前进。

熊庆来的孩子

熊庆来育有四男一女，老大叫熊秉信，是一位地质工程师，在云南老家工作。老二熊秉明，居住在法国，是一名艺术家，在巴黎东方语言学校当教授。老三熊秉慧，女儿，曾是邯郸一中的老师。老四秉衡在长沙铁道学院教书。最小的儿子是秉群。这些孩子学地质、艺术、生物、物理和电讯，没有一个人学数学。

熊庆来幼时的理想是学矿，最初留学去比利时是要学采矿的，但因为第一次世界大战，转到法国学了数学，秉信是长子，就遂了熊庆来年轻时的心愿，在清华大学地学系毕业成为全国知名矿床学家。1939 年，任云南省建设厅地质调查委员，1940 年初，调任云

1959年,熊庆来夫妇与儿孙合影。后排左起:女儿秉慧,小儿子秉群,长子秉信,秉信之次女有德

锡公司探矿处副工程师兼工务课长。新中国建立后,任云锡公司地质调查室主任。秉信非常博学,他懂英语、德语、法语、越南语,1962年,冶金部派其到越南援建,任地质专家组组长,次年归国。1964年初调任云南省有色局副总工程师、地质勘探公司总工程师,被选为中国地质学会理事、云南省地质学会第二届理事会副理事长、云南省人民代表、第三届全国人民代表大会代表、第四届云南省总工会委员。1972年恢复工作后熊秉信就想把失去的时间补回来,狂热地投入工作,1974年3月突发脑溢血,昏迷了一周。周总理亲自派曾经医治过熊庆来的北京脑科专家来抢救,但是已经晚了,秉信还是于1974年3月27日逝世,年仅61岁。

老二熊秉明,旅法著名学者,哲学家、雕塑家、画家、书法理论家、书法家、诗人。1944年毕业于西南联大,1947年到法国留学。1949年,转上法国巴黎国立美术学校学习雕塑。20世纪50年代起,从事艺术创作活动。

1962年起,熊秉明受聘于巴黎东方语言文化学院,任教授兼中文系主任,教授汉语和书法。法国的许多中国问题专家、研究中国问题的智囊团成员、法国总统的中国顾问、法国驻华使馆的官员,甚至法航能讲中文的服务员等等,都是熊秉明的学生。可以说,熊秉明在巴黎普及了中国文化。

熊秉明著有《张旭与狂草》(已编入法国高等汉学研究院丛书)

《中国书法理论体系》,以及《关于罗丹——日记译抄》《展览会观念或者观念的展览会》《回归的雕塑》《诗三篇》等著述,打通了中西艺术的壁垒,建造起畅达的交融路径,在中西文化间构建了沟通、融合的桥梁。

1983 年,因为对推动中法文化的交流发展做出卓越贡献,熊秉明获得了法国教育部颁发的棕榈骑士勋章。2002 年 12 月 14 日,他因脑溢血突然去世,享年 80 岁。

秉明在一首诗中写道:“我是中国文化的种子,

在法国的领土生根发芽,活了;

这是我用生命做的事业,是我生命的一部分;

我还是一头正着力奋蹄于祖国大地的孺子牛。”

2007 年 8 月 4 日,秉明骨灰被安放在昆明玉案山公墓,与他的父亲熊庆来和母亲姜菊缘及哥哥秉信做伴。

熊秉明夫人陆丙安率长子和次子全家当天来到云南大学,向该校捐献了熊秉明的 4 件雕塑作品、熊庆来写给熊秉明的 61 封书信及熊庆来撰写的 7 篇数学论文。这 61 封书信写于 1937 年 4 月

秉明骨灰与他的父亲熊庆来和母亲姜菊缘及哥哥秉信做伴

28日至1967年5月30日期间。4件雕塑分别为《鲁迅像》《熊庆来像》《楚图南像》及《归途》。

老四秉衡1930年出生。他是激光全息专家,中国全息协会顾问、云南省科协荣誉委员、纽约科学院成员、国际工程光学学会(SPIE)及其全息技术专业委员会成员。他解放前即加入中国共产党,曾先后在昆明、个旧、蒙自等地从事工人运动、学生运动以及农村武装斗争工作。解放后先后在昆明团市委、易门矿务局和西南有色公司工作,1957年作为调干生在云南大学物理系学习,毕业后分配到省外高校工作。1987年为实现父辈服务桑梓的愿望,回到昆明,调云南工学院,创建激光研究所,任激光研究所所长。曾任昆明理工大学激光研究所荣誉所长。

最小的儿子秉群小学和中学是在昆明度过的。从昆明师院附中毕业后,熊秉群考入重庆大学电机系,后来院系调整,转到北京邮电学院有线通信工程系。毕业后留校任教,一干27年。在这期间,他当过长途电信教研室、多路电信教研室的副主任,当过学院教务处长。1989年,熊秉群赴美国参加中国高级管理培训班后,出任邮电部邮电科学研究院院长。曾担任上市公司大唐电信的总裁。获1998年度美洲中国工程师学会“杰出成就奖”。

熊庆来重视教育他的孩子,从不强制他们接受他的意见。

1932年7月熊庆来参加了国际数学会在瑞士举行的世界数学家大会,他是作为中国的代表前往苏黎世。这是中国数学家首次参与国际数学家大会,会议结束之后,他打算留在法国两年攻读博士学位。他带了才9岁的秉明做伴,在巴黎靠近巴黎大学的卢森堡公园附近租了房子,每天就到庞加莱研究所工作。

熊庆来由于做研究,晚上很迟睡觉,早上起床很迟。一大清早秉明起床后就自己烧好咖啡,吃片面包,和房东的两个孩子去学校上课。中午他回来找爸爸一起去拉丁区的一家中国餐馆吃饭,只有晚餐才自己烧。

秉明从小就是个独立生活能力很强的孩子，有一天他半夜醒来，看到爸爸还在熬夜，就问爸爸："你这样工作不是很苦很累吗？"

熊庆来笑着说："不，不，一点不累。没有人强迫我这样做，相反，我觉得很快活，因为我对数学有兴趣。任何科学研究，最重要的是对自己所从事的工作有没有兴趣，也就是有没有事业心，这不能有丝毫的勉强。譬如我搞这数学，可以两天两夜，甚至三天三夜，趴在桌子上，写呀，算呀！因为我有兴趣，我急切地要得出我所需要的结果。只要你钻进去了，甚至着了迷，乐也就在其中，可惜你现在还没有这种体验。"

熊庆来和秉明

病逝

"文革"开始，许多人遭受批斗，熊庆来看到这种混乱现象，精神受了刺激，高血压病越来越重。结果在 1969 年 2 月 3 日的深夜，他躺在床上动了一下，姜菊缘忙问他是不是要小便，熊庆来既不说话也没有动，她急忙去请一位熟识的大夫来看，不料，他已在凛冽的寒风中与世长辞了，时年 76 岁。

熊庆来的长孙女熊有曾追忆：说到 1969 年 2 月 3 日，这一天自己失去了两位亲人。一位是对自己疼爱有加的爷爷，另一位是自己慈爱的外公（袁嘉谷的长子）。"我对这一天的记忆太深刻了，当时除了奶奶外，只有在北京邮电学院做讲师的小叔叔在北京。

爷爷去世的消息是小叔叔发的电报，全家人听到这个噩耗，陷入了极大的悲痛中。”当时，熊有曾一家住在昆明人民东路伍家庄1号的院子里，因为当时的特殊情况，家人不但不可能到北京奔丧，还不敢把悲伤写在脸上。“父亲熊秉信把楼上的窗帘严严实实地拉上，再把爷爷和外公的遗像摆在窗帘下，一家人对着两位老人的照片三鞠躬，以表对老人的思念和哀悼。”

他的遗体送到北京八宝山殡仪馆准备火化。华罗庚刚好从外地推广优选法回来，一知道消息，不顾疲劳，马上乘车赶到。华罗庚下了车，拄着拐杖，一面哭一面奔向焚化间。在那里有许多尸体并排躺着，等待火化。华罗庚为了要见恩师最后一面，弯下腰来，掀开一具具尸体的盖面布，寻找熊庆来的遗体，最后看到瘦削蜡黄的熊教授的遗容，失声痛哭，向恩师遗体鞠了三个躬，最后悲痛离开。后来他还写了一首《哭迪师》的诗，表达悲痛之情。

熊庆来去世时，他的许多友人、学生都不知道。比方说北京大学数学系教授庄圻泰(1909—1997)，在1927年进入清华大学，先读工程系，1928年熊庆来由南京转到清华大学成立算学系，他才转入该系学数学，1932年毕业任该系助教，1934年进清华大学理科研究所，在熊庆来的指导下学习和研究亚纯函数的值分布理论，以后留学法国获得博士学位。庄教授在1980年3月《回忆老师熊庆来先生》一文写道:“我与先生相处多年，深知先生为人忠厚，先生的健康状况不好，青年时代在国外留学曾经吐血，常见他用手掌按在胸上，老年时患高血压、糖尿病及半身不遂各种疾病，他说话、写字、走动都很吃力，但他仍努力克服困难，坚持工作。

在‘文化大革命’前夕，我曾在路上遇到先生和他的家属，这是我最后一次见先生。经过‘文化大革命’一段漫长的时间以后，我才知道先生早已因病去世。先生的一生是辛勤工作的一生，他为我国的数学事业的发展，做出了不可磨灭的卓越贡献。”

秉明花 39 年为父亲塑像

在北京中关村科学院数学研究所的图书馆及云南大学的主楼会议院矗立着两座熊庆来的塑像。这两座铜铸的像是熊庆来的儿子熊秉明在法国花 39 年的时间精心雕塑而成。

熊庆来雕塑

1992 年 11 月 20 日，中国发行了《中国现代科学家》纪念邮票第三组，熊庆来是第一枚，并在云南大学举行了熊庆来塑像的揭幕仪式。

熊秉明从巴黎电传讲话，在大会上由他的弟弟熊秉衡教授宣读，讲述他为父亲塑像的动人经过：

《中国现代科学家》纪念邮票第三组第一枚——熊庆来

父亲的塑像

我把这一座父亲的像献给故乡，献给故乡的云南大学。

我着手塑造的时候是1953年4月，父亲尚在巴黎。

完成的时候是今年，1992年4月，先后用了三十九年。

不过，我真正能面对着父亲制作的时间只是三十九年中的头四年。1957年父亲从法国回到北京，我们从此没有能再见面……三十五年间，我只能凭记忆，凭我对他的了解，在探索中，断断续续地经营打磨。

雕刻的技术，雕刻的观念，因岁月的增长，不断地在变化，工作的着眼点也随着有所不同：

一时着眼于他的严肃的方面；

一时着眼于他的亲切平易的方面。

一时念及他的刚毅、坚韧；

一时念及他的笃实、温厚。

一时着重于雕刻的立体感、坚实感；

一时着重于塑面的生动、细腻感。

这样不断地改来改去，就像近代著名雕刻家杰可梅谛所说的：做一千年也做不完。

但是今年一月，我又把父亲的像从地下室搬上来，放到雕刻架上，忽然发现自己的眼睛很明亮，不但清楚地看到该怎么改，而且看到了结束的可能。进行加工的时候，颇有得心应手的顺畅。做了两个月，知道可以打住了。约朋友来看，他们也表示首肯。四月送铜厂，浇铸了两座铜像。五月底，得到中国国际航空公司同意，免费由我随身带到北京。

就这一年国内纪念父亲诞辰一百周年。我把一座赠送中国科学院数学研究所；一座赠送云南大学。

数学所和云大代表父亲平生事业的两个方面：他以数学为终生事业；又以教育后进为不可旁贷的责任。他曾把生命力量最旺盛的十二年交付给建设和发展云大。今天有一座像放置在北京数学研究所图书馆里;又有一座放置在云大会议院的廊厅里,我感到深心的快慰。这几天我又翻阅罗丹和格赛尔的对话录。罗丹说,为自己的亲人所做的像往往是最成功的,固然因为最熟悉,但另一方面也因为没有任何夸张与粉饰的必要。

在制作的过程中,我没有想到过有一天这塑像会成为一座纪念像。凡为纪念而制作的像,有类乎古代写墓志铭,不免对墓主加以赞扬歌颂,所谓"谀墓",雕刻家会力求塑出巨大光辉的形象。我没有过这意图。我相信我的父亲他不会乐意。我想表现出我从小所认识的父亲。这里有严肃与平易,有刚强与温厚,在表面的平静与含蓄下面潜藏着对科学真理的执着追求,对祖国与乡土的深厚的爱。这里有对生命本身的诚实和信念。

熊秉明

在座有曾经认识先父的,或曾与他共事,或是他的学生,我希望他们能从这塑像追忆起他当年的神态和他为人为学的风格。

至于年轻的一代,对他们来说,这铜像的人物已属于相当遥远的历史,我希望他们知道这是近代中国科学史上奠基的一代。1921 年他在南京东南大学创办数学系,1926 年到北京清华大学创办数学系。1936 年创办《中国数学学报》。最后二十年间,他虽半身不遂,行动不便,但一直继续研究工作,指导研究生,所有的论文都是以左手奋力写出来的。这老祖父的一代怀有拓荒者的勇猛和抱负，我希望今天的学子们走过这铜像之前，不觉得有断沟，有距离，而能够感到前行者对来者殷切期待的目光。

熊庆来奖学金

云南的横断山脉地区，矿产丰富。由于地形、大气环流和纬度的关系，西双版纳适宜种植树胶、茶、胡椒、咖啡豆、腰果等热带经济作物，可是却由于交通不便，人才缺乏，资金不足，经济、文化比沿海诸省大大落后。

1987 年中国科学院学部委员钱伟长教授被云南省书记邀请去云南做一些调查，希望能提供一些开发的方案，改变贫困落后的情况。当年钱伟长实地考察的区域人口有 1 100 万人，年人均收入在 125 元贫困线以下的就有 400 多万人。钱伟长提出困难的关键：交通不方便，一方面资金不足，国家、省里拨下去的各项补助款没有用在发展生产方面，另一方面，人才缺乏，科技力量薄弱，信息不畅。

定居在北京的熊庆来夫人姜菊缘，1988 年已是 95 岁高龄，仍关心家乡人民的生活。尽管她的生活并不宽裕，但为了继承熊庆来遗志，她把熊庆来生前的字画卖掉，把全部所得两万元捐赠给云南大学，倡议设立了“熊庆来奖学金”。

云南大学在设立该奖学金的决定中说：

“熊庆来先生是我国著名数学家、教育家、现代数学的耕耘者，曾为我国的科学教育事业做出了贡献，培养了许多优秀科技人才，桃李众多。

1937 年至 1949 年熊庆来受聘担任云南大学校长，即为‘教育学术为百年大计’，为提高云南高等教育的水平及地位呕心沥血，广集博学，‘以期蔚为西南学术中心’，用学术带动科研，进而促进了云南经济文化的发展，受到社会一致的好评。

为了纪念熊庆来先生，弘扬他的科研治学精神，鼓励学生振兴祖国、勤奋学习、全面发展，早日成才，根据熊庆来先生夫人姜菊缘的倡议，经学校研究，决定在云南大学设立‘熊庆来奖学金’……”

1988 年 7 月 18 日，第一届授奖仪式，由杨振宁担任授奖仪式主席，他说：“今天的授奖体现了一个时代的交替，表明了熊庆来先生的毕生追求和事业后继有人！

就人口而言，云南相当于一个欧洲大国，一定不乏大批优秀人才，如果对教育予以特别的重视，潜心培养和发掘年轻的人才，那么，将来在科技学术方面成大器的人，一定会很多。”

1989 年熊夫人辞世，享年 96 岁。在去世前能为家乡的文化教育做出一些贡献，熊夫人很高兴。

1990 年 9 月 30 日，“熊庆来奖学金”第二届颁奖，杨乐、陈省身、熊秉明分别从北京、美国、法国赶来参加。陈省身还祝愿：“希望云南成为 21 世纪数学大国中的数学大省。”

我仅希望能有一部拍摄熊庆来事迹的电影，在银幕上重现这位甘于淡泊、一生为中国科学教育事业献身的数学家的伟大形象。

熊庆来传记

11 奇妙的自然数——平方镜反数

音乐能激发或抚慰情怀,绘画使人赏心悦目,诗歌能动人心弦,哲学使人获得智慧,科学可改善物质生活,但数学能给予以上的一切。

——F. 克莱因

一种奇特的美统治着数学王国,这种美不像艺术之美与自然之美那么相类似,但她深深地感染着人们的心灵,激起人们对她的欣赏,与艺术之美是十分相像的。

——库默尔

现代数学最主要的成就是真正揭示了数学的整个面貌及其实质存在。

——罗素

人类认识 1,2,3,…

人类要对自然数 1,2,3,4,5,…有一番认识,是需要经过一段相当长的时间的。

可能我们的一位老祖宗在三万多年前打完野兽，吃饱了兽肉，在他所住的洞穴里画上他打的野兽的样子，并且像流落在荒岛上的鲁滨逊（Robinson Crusoe）那样画线代表他所捕获的野兽的数目，画一条线代表打死一只野雉，两条线代表两只兔子等等，开始认识了这“一、二、三”。

比如捕获了一头野兽，就用 1 块石子或 1 根树枝代表。捕获了 3 头，就放 3 块石子。“结绳记事”也是地球上许多古代人类同样做过的事。我国古书《易经》中有“结绳而治”的记载。

老祖宗在洞穴里画图记录捕获的野兽数目

美洲原住民洞穴图

后来老祖宗的子孙们懂得把捉来的小动物畜养起来，结束那饮血茹毛的穴居生活，而进入畜牧时代，这时他们就要懂得更多的数，以便能计算他们羊圈里的羊群数目。

等到他们的几代曾孙不想过择水草而居的迁徙生活，发现以耕种定居比到处奔波的生活好过些，人类的农业时代就到来了。此时人类的收成如麦谷之类数量很大，这时候他们就需要知道较大的自然数了。

从懂得“一、二、三”这几个屈指可数的数，到千、万、亿等大数是人类认识数字的一次飞跃。

在亚洲的缅甸、泰国、菲律宾，还有一些生活在深山老林的少

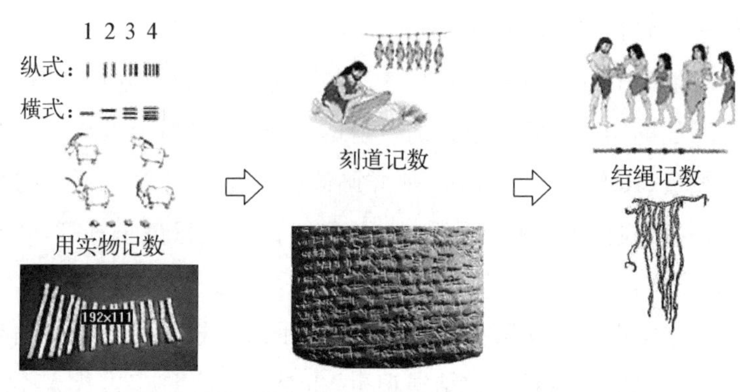

古代人类记数方式

数民族，他们对自然数的认识不超过七，七之后的数对他们来说很大，他们算不清了。在非洲和南美洲及澳洲也有一些生活在石器时代的民族，他们懂得的数就更少了，不会超过三，三之后的数对他们来说就是个大数。

我们中华民族也经历了这个文化发展的过程，如果你对中国文字留心，就可发现这个进化的痕迹。在甲骨文里“一”字有时代表“余”（“余”即我一个人），而“二”字是通假于“尔”（“尔”就是你，你和我是两个人），很形象的“众”是三个人在一起，表示多数人。生活中的“再三”也是表示多次的意思。

1 2 3 4 5 6 7

8 9 10 100 1 000 10 000

刻有1，2，3，5，7，10的甲骨

知道了自然数还不算是懂数学，真正要对自然数的一些确实性质有认识才算是了解数学。

你或许会问“一、二、三”是这么简单的数，2＝1＋1，3＝2＋1，这里面有什么数学可以讲呢？有的，德国大数学家高斯说：“数学中的一些美丽定理具有这样的特性：它们极易从事实中归纳出来，但证明却隐藏得极深。”我可以现在就告诉你一个世界著名的数学难题，这个问题是卡特兰(Eugène Charles Catalan)1884 年提出，所以也叫“卡特兰猜想”。

你或许知道 $2^3=8$，$3^2=9$，$9-8=1$ 吧！

卡特兰认为除了 $x=3$，$m=2$，$y=2$，$n=3$ 满足这样的关系式 $x^m-y^n=1$ 以外，再找不到其他整数能满足以上的例子(这里 $m,n>1$)。1976 年，罗伯特·狄兹德曼(Robert Tijdeman)应用贝克在超越数理论中的方法，证明了方程 $x^m-y^n=1$ 只有有限个解。然而怎样证明这有限个解事实上只有一个是很难的问题，用中学的数学知识是不能解决这样的问题的。

在 2002 年 4 月罗马尼亚数学家普雷达·米哈伊列斯库(Preda Mihăilescu)证明这猜想，所以现在有时也被称为米哈伊列斯库定理。他的证明发表在 2004 年德国的《纯粹和应用数学杂志》(*Journal für die reine und angewandte Mathematik*)上，使用了很深的数学工具“分圆域和伽罗瓦模”。

我这里想谈谈一些自然数的性质，读者只要有小学的算术知识，懂得加减乘除(或者连加减乘除也忘了，但能懂得用小型电子计算器)就可以看懂这文章，而且自己也可以寻找出一些自然数的美妙性质。

一位美国读者的有趣发现

因发现 X 射线而在 1901 年获第一届诺贝尔物理学奖的物理

学家伦琴(Wilhelm Conrad Röntgen, 1845—1923)说:“立志于物理学的人,不懂下列的事情是不行的:第一是数学,第二是数学,第三还是数学。”

1979年3月中旬,在美国纽约州一所大学搞固态物理但也很爱好数学的梅维宁先生给我写了一封信,对我讲他的一个新发现,现在我把他的信的一部分摘录下来:

“某天,我闲得无聊、闷得发慌时,拿起小型计算器玩,发现一些蛮有趣的东西,野人献曝,拿出来,希望大家想一想:

首先看:

$$\begin{cases}(12)^2=144\\(21)^2=441\end{cases}\qquad\begin{cases}(13)^2=169\\(31)^2=961\end{cases}$$

12,13是相邻的正整数,它们的平方和它们的反映(inversion或mirror image,即将各位数字逆序排列而得到的数)的平方,正是呈相互反映的关系。我继续往下找,在两位数中找不到。在三位数中发现:

$$(112)^2=12\,544,\ 44\,521=(211)^2,$$

$$(113)^2=12\,769,\ 96\,721=(311)^2,$$

然后四位数中:

$$(1\,112)^2=1\,236\,544,\ 4\,456\,321=(2\,111)^2,$$

$$(1\,113)^2=1\,238\,769,\ 9\,678\,321=(3\,111)^2,$$

五位数亦复如此(一试便知)。

好,现在的问题是:

(1) 是否存在n位数也是这样?($n\geqslant 6$)

(2) 还有没有其他的数(相邻正整数)有此性质?

(3) 为什么?

我说过我是学物理的，对数论证明完全没有观念，只有一时好玩，提些小问题，大家动动脑筋……”

梅先生的发现在我看来是很有趣的，他发现了几个这样特殊的数：这个数的平方和它在镜子中反映的平方在镜子中的反映恰巧相等。我们给这样的数这样的名称——“平方镜反数”。

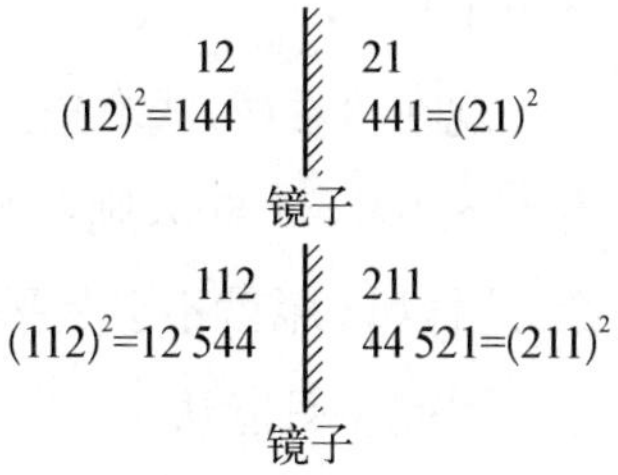

12 | 镜子 | 21

$(12)^2=144$ | $441=(21)^2$

112 | 镜子 | 211

$(112)^2=12\,544$ | $44\,521=(211)^2$

平方镜反数

11 是平方镜反数，因为 $(11)^2=121$，你从左边读到右边，和从右边读到左边的数是一样。当然 22 也是平方镜反数 $(22)^2=484$。你会马上猜到 33 也是平方镜反数！

很可惜这样猜想是错了，因为 $(33)^2=1\,089$，这数和 9 801 不一样。

那么什么样的数是平方镜反数呢?

我们先找所有小于 100 的平方镜反数。通过考虑较简单的情形，就能进一步解决一般的情况。

小于 100 的两位数可以表示成 $(xy)_{10}$，即 x 是大于或等于 1，而小于或等于 9 的数字，而 y 是从 0 到 9 的数字。

我们可以将 $(xy)_{10}$ 写成 $10x+y$。

例如 $23=2\times10+3$。

则 $(xy)_{10}^2=(10x+y)^2=x^2\times100+xy\times20+y^2$，

而 $(yx)_{10}^2=(10y+x)^2=y^2\times100+xy\times20+x^2$。

如果 $(xy)_{10}$ 是平方镜反数，则 y 必须大于 0。

我们先看 $x=1$ 的情形。

$$(1y)_{10}^2=100+20y+y^2, \tag{1}$$

$$(y1)_{10}^2=y^2\times100+20y+1。 \tag{2}$$

由(2)我们观察 $(y1)_{10}^2$ 的个位数是 1，因此在(1)中 y 这数是不能≥5,不然的话在(1)式的右边 $20\times y$ 就要大于等于 100,加上 100 则 $(1y)_{10}^2$ 的百位数将≥2,那么 $(1y)_{10}^2$ 的镜反数的个位数不会是 1 了!

现在再看(2)式右边的 $y^2\times100$,如果 y 是等于 4,那么我们就有 $4^2\times100=1\ 600$,则 $(y1)_{10}^2$ 是一个四位数,可是 $(1y)_{10}^2$ 却是三位数,这样 $(1y)_{10}$ 就不会是平方镜反数了。

因此 y 只能从 1, 2, 3 这三个数中选择。我们看到 $(11)^2=121$, $(12)^2=144$ 和 $(21)^2=441$, $(13)^2=169$ 和 $(31)^2=961$,所以 11, 12, 13 是平方镜反数。

然后我们看 $x=2$ 的情形:

$$(2y)_{10}^2=400+40y+y^2, \tag{3}$$

$$(y2)_{10}^2=y^2\times100+40y+4。 \tag{4}$$

由(4)我们观察 $(y2)_{10}^2$ 的个位数是 4,因此在(3)中 y 这数不能≥3,不然的话 $400+40\times3>500$,那么 $(2y)_{10}^2$ 的镜反数的个位数就不会是 4 了。

所以 y 只能是 1 或 2。由于 12 是平方镜反数,所以 21 也是平方镜反数,明显 22 也是平方镜反数。

最后我们看 $x=3$ 的情形:

$$(3y)_{10}^2=900+60y+y^2, \tag{5}$$

$$(y3)_{10}^2=y^2\times100+60y+9。 \tag{6}$$

观察(5),(6)我们知道 y 不能大于 1,因此我们只有 31 这个平方镜反数。

因此除了梅先生找到的{12, 13}相邻平方镜反数,我们还有{11, 12},{21, 22}这两对。

现在我们可以回答梅先生的问题:

第一个问题的答案:对于任何 n(大于 1)位数,存在平方镜反数。如 102，1 002，10 002，…，在 1 和 2 中间无论插多少个 0 组成的数都是平方镜反数。

第二个问题的答案：有许多，事实上是有无穷多个！{1 001，1 002}，{10 001，10 002}，等等都是。

第三个问题的答案：只要平方就知道。

我这里列下 15 个三位数的平方镜反数：101，102，103，111，112，113，121，122，201，202，211，212，221，301，311。

整数 n	镜反数 $m(n)$	n^2	$\{m(n)\}^2$
11	11	121	121
12	21	144	441
13	31	169	961
21	12	441	144
22	22	484	484
31	13	961	169
101	101	10 201	10 201
102	201	10 404	40 401
103	301	10 609	90 601
111	111	12 321	12 321
112	211	12 544	44 521
113	311	12 769	96 721
122	221	14 884	48 841
201	102	40 401	10 404
202	202	40 804	40 804
212	212	44 944	44 944
221	122	48 841	14 884
301	103	90 601	10 609
311	113	96 721	12 769

小于 1 000 的所有平方镜反数

我们总共只有 39 个四位数的平方镜反数：1 001，1 002，1 003，1 011，1 012，1 013，1 021，1 022，1 031，1 101，1 102，1 103，1 111，1 112，1 113，1 121，1 122，1 201，1 202，1 211，

1 212，1 301，2 001，2 002，2 011，2 012，2 021，2 022，2 101，2 102，2 111，2 121，2 201，2 202，2 211，3 001，3 011，3 101，3 111。

读者如果注意一下可以发现，这些平方镜反数只是由0,1,2,3组成。事实上更大的平方镜反数也都是由0,1,2,3这些数字组成，而且它们排列呈现美丽的规律。我这里不讲了，让你们自己去探索，经过自己一番努力获得的东西你们就会珍惜它，而且很可能由此你们会发现一些新的定理及对自然数有更深的认识。

动脑筋问题

1. 观察 $81=9^2=(8+1)^2$，$2\,025=45^2=(20+25)^2$，$3\,025=55^2=(30+25)^2$，$9\,801=99^2=(98+1)^2$。

这些数是能把组成它的数字分成两半，然后取这两半的数的和的平方而得到。这性质也是很有趣的：

(a) 寻找小于100的所有这类整数。

(b) 寻找小于10 000的所有这类整数。

(c) 找出构造具有以上奇妙性质的数的一般方法，由此证明这类数是有无穷多个。

2. 我们观察11的立方，$(11)^3=1\,331$，可是$(22)^3=10\,648$，我们给定一个数$(a_1a_2a_3\cdots a_k)_{10}$，用$m[(a_1\cdots a_k)_{10}]$表示其镜反数，即$m[(a_1\cdots a_k)_{10}]=(a_k\cdots a_1)_{10}$，例如1 235的镜反数$m[1\,235]=5\,321$。

现在我们介绍下面的概念：

定义　一个自然数$(a_1\cdots a_k)_{10}$称为立方镜反数，如果它有这样的性质：

$$\{m[(a_1\cdots a_k)_{10}]\}^3 = m[(a_1\cdots a_k)_{10}^3]$$

11 是立方镜反数，而 12 不是立方镜反数。

(a) 寻找所有小于 10 000 的立方镜反数。(答：只有 6 个。)

(b) 寻找构造立方镜反数的方法，以此判断立方镜反数的个数是有限还是无限。

3. 什么正整数 x 有这样的性质：它的平方 x^2 是一个二位数 $(a_1a_2)_{10}$ 及其镜反数 $(a_2a_1)_{10}$ 的和？

4. 观察 321 这数，321－123＝198＝2×99。

452 这个数也有 452－254＝198＝2×99。证明：任何三位数 $(a_1a_2a_3)_{10}$ 减去其镜反数 $(a_3a_2a_1)_{10}$ 一定能被 99 整除。

5. 寻找所有的四位数 $(a_1a_2a_3a_4)_{10}$ 具有下面性质：

$$9\times(a_1a_2a_3a_4)_{10} = (a_4a_3a_2a_1)_{10}。$$

(答：只有一个 1 089。)

12 宁少毋滥

一篇好文章,胜过一百篇垃圾文章。

——亚历山大·格罗滕迪克

宁吃鲜桃一口,不吃烂杏一筐。

——中国俗语

最近在网上看到一些年轻数学工作者介绍自己的工作,令我大吃一惊。有些人说自己发表上百篇论文,大学毕业不到十年时间,竟然能这么多产,我不知道是该说祝贺他们年轻有为,还是带着怀疑眼光,觉得这是太自我吹嘘?或是自我膨胀?

我相信有些数学家能力超群,要想写论文是轻而易举的事。苏联数学家柯尔莫哥洛夫(A. N. Kolmogorov, 1903—1987),是20世纪最伟大的数学家之一,苏联数学界的一代宗师,涉及的领域很广,在实分析、泛函分析、概率论、动力系统等很多领域都有着开创性的贡献,而且培养出了一大批优秀的数学家。他如果要发表数学论文,一天可以写一篇,但他的论文是重质不重量,不随便发表言之无物的东西。

对我影响很深的法国数学家亚历山大·格罗滕迪克(Alexander Grothendieck，1928—2014)，原来是从事泛函分析，后来搞代数几何，成为法国代数几何学派的“上帝”(这是人们封他的外号)。

柯尔莫哥洛夫

他在43岁看破红尘，离开学术界，不再搞研究。我在他退隐山林的前几年，还有机会与他谈些数学，我觉得如果把他对一些问题的解答写下来，就是一篇很好的论文，一些思想再深入发展，就可以成为一篇非常好的博士论文。

如果他生活在美国，并在大学执教，要受到“发表或是灭亡”(publish or perish)的压力，需要他发表论文才能生存，我相信他在20年时间可以写超过2 000篇的数学论文，这数字会超过全世界发表数学论文最多的匈牙利数学家保罗·厄多斯(Paul Erdös)，他与500多名数学家合作，经过50年的时间才有1 500多篇论文。

作为一名科学工作者，就像法拉第所说的那样“工作，完成，发表”(work, finish, publish)，探索自然奥秘，辛苦工作有结果，应该把这些工作成果总结发表以资记录，并让后来的人在这些结果之上继续前进。

格罗滕迪克

格罗滕迪克对我说过：“一篇好文章，胜过一百篇垃圾文章。”他告诫我不要“写垃圾文章”。我在后来从事图论的工作，要发表论文很容易，一个星期可以写一篇论文，但是我都是放了一段时间(有时是10年，与厄多斯合作的一篇已有30年，还未完成)。虽然我发表200多篇论文,但可以说大部分都不是“垃圾文章”,都是言之有物的。

法国著名数学家阿德里安·杜阿迪(Adrian Douady, 1935—2006),是法国布尔巴基学派主要成员之一。法国高等科学研究所研究主任让·皮埃尔·布吉尼翁(Jean-Pierre Bourguignon)说杜阿迪:“他没有发表过很多文章,但他发表过的文章无不让人惊叹,尤其是激发了大量的不同学科的专家。”他的科学工作大大超出了严格的数学框架,接触到物理学、生物学或天文学。

现任教于美国芝加哥大学的越南裔教授吴宝珠(Ngô Bào Châu, 1972—),2010年在印度海德拉巴举行的国际数学家大会上,从印度总统帕蒂尔手中接过了菲尔兹奖章。国际数学家大会对吴宝珠的评价:“吴教授已正确地证明‘基本引理’,这是在普林斯顿高等研究所工作的罗伯特·朗兰兹(Robert Langlands)1960年所提出的数学视野的重要部分。朗兰兹纲领联结现代数学的一切领域。‘基本引理’虽然只是一个技术问题,但令多数数学家感到棘手。吴教授的突破成就有助于其他科学家证明全部朗兰兹纲领。”

1997年他从巴黎第十一大学取得博士学位,从1998年起至2005年在法国国家科学研究中心(CNRS)做研究。十年间,令吴

吴宝珠

宝珠感到庆幸的是，在法国的科研体制下，他能够专心做他的数学研究，而不需要考虑发表论文的问题。“我没有兴趣写糟糕的论文，我只写几篇好论文。我的同事告诉我，‘不要浪费时间写糟糕的论文，一篇好论文胜过一百篇垃圾论文。’这不是我的方式，这是法国的标准。”2008 年他因成功证明难度极高的“基本引理”，将论文投递给法国《高等科学研究所数学出版物》而获菲尔兹奖，这一成果曾被美国《时代》杂志评为 2009 年十大科学发现之一。

德国大数学家高斯(F. Gauss)对自己的工作精益求精，治学严谨，只是把他自己认为是十分成熟的作品发表出来，一生共发表论著 155 篇。他自己曾说：“宁可发表少，但发表的东西一定要是成熟的成果。”

高斯遗留给儿子的一个徽章底下的拉丁文“Pauca sed Matura”是他的座右铭：“不多，但成熟”(英文 Few, but ripe)，这是高斯的数学工作目标。

高斯遗留给儿子的徽章

高斯的好朋友瓦尔特斯豪森(Waltershausen)说：“高斯时常努力去检查其作品，直到合乎他意为止，他常说一个美好的建筑物完成时，是看不到建筑时所用的台架的。”

挪威数学家阿贝尔(H. Abel)及法国数学家伽罗瓦(E. Galois)都是英才早逝的人物，他们来不及写和发表太多论文，但是他们的工作却让后世的人忙碌几百年。

德国数学家黎曼(B. Riemann)也是年纪轻轻就因病去世，论文不多，但他的一篇短文提出的“黎曼猜想”却促进数学发展。

丘成桐在 2007 年与科学网记者谈话时曾说：“论文有适当数量是应当的，但是孤立地称篇数是不应当的，因为论文可以制造很多出来，绝对不能够真正反映研究人员的水平。论文发表要有质量,有质量不是单从期刊就可以看出来。”

我希望中国年轻的数学工作者学学这些大师,宁愿发表质量好一点的论文,也不要发表一堆的垃圾东西!就是要重质不重量!宁可少一些,也不要不顾质量贪多凑数。

13 参加41届东南国际组合、图论、计算会议

——2010年3月11日日记

早上5点起床(加州的时间是清晨2点)洗了一个热水澡,就去旅店的客厅上网检查电子邮件,看到内蒙古的郭教授帮我打好了《语言的污染》一文。

在6点半旅馆餐厅开始提供早餐,我昨天没有吃晚餐,肚子有些饿,是第一个进餐者,吃了一根香蕉、两片放花生酱和蜂蜜的烤面包,及一小碗麦片和一个白水煮蛋。

罗丝(Rose)教授跑来问我是否可以与我同坐,我说欢迎,并问她今天演讲准备情况。她说还有一张透明纸没有写,早上她要留在旅馆中,写完这一张。乔普拉(Chopra)与她属于"紧张型"的数学家,一个15分钟的演讲,他们要花超过一个星期时间准备。我有时看他们准备演讲,觉得浪费太多时间。参加会议最重要的是与人们交流,躲在一个角落去准备,会失去参加会议的意义。

我对罗丝谈我刚刚送给校长的25年服务感言。

我引了一首美国诗人写的诗歌《造桥者》,并说我希望如有重生,我还会做造桥人为年轻人铺路架桥。

她也讲一个重生的故事:她的孙子圣诞节获得一个电子猫礼物来饲养。

他非常高兴饲养这小猫,爸爸要带他去天主教教堂,孩子就把玩具丢在祖母的家里。罗丝听到家里有喵喵的声音,可是不知道这电子猫在哪里,花很多时间才找到,可是电子猫由于没有按时饲喂,竟然饿死了。

罗丝说她同时信仰犹太教及天主教,她的犹太拉比来访问她,看到她伤心的样子,问她为什么事难过,她说她不知道怎样照顾孙子的电子猫,竟然让它饿死了。

于是这犹太拉比为这电子猫举行告别式,希望它的灵魂上天堂。孙子从教堂回来兴冲冲地看他的猫,竟然死了。罗丝对孙子说:“拉比爷爷刚为你的猫举行仪式,它现在已经在天堂了!”

谁知道这小孙子比大人还厉害,按了一些键,电子猫竟然起死回生了。

拉比爷爷大吃一惊说:“我以为这猫是信仰犹太教,为它举行犹太仪式。原来这只猫是信兴都教,现在又转生了。”

我听了哈哈大笑,我们两个人在餐厅笑得开怀,旁边的房客奇怪我们遇到什么好玩的事,竟然这么高兴。

吃完早餐,罗丝说她要早上留在旅馆与乔普拉教授准备下午的演讲。我想从旅馆走到佛罗里达大西洋大学(Florida Atlantic University)估计要半个小时,可是这时天下雨,我又没有雨伞不能走,不知怎么办。

刚好看到S教授,以前他申请大学升级曾要求我做校外的评审他工作的委员,我写了推荐信。他说还有十分钟,大会会派巴士车来接参加者去会场,让我在外面等。

我们在旅馆外看细雨霏霏,交换一些研究讯息。我对他说这

41 届东南国际组合、图论、计算会议参与者(部分)

十年来他局限在他的领域太久,应该跳出来尝试一些新的东西,我建议他做我创立的 Mod(2)、Mod(3)边魔图的研究,他如果愿意,我可以提供一些研究课题和资料给他。他最近在大会宣读和女儿合写的论文,女儿在 MIT 念生物系,他训练她做一些研究。

在校车上与开车的黑人司机聊天,他问我,这大会的人讨论的是什么样的内容。司机原先是"纽约人",在世贸中心的 24 层公司工作。"9・11 事件"中他恰好在一层,逃出大楼,却见整个建筑轰然倒下。虽然死里逃生,给他的震撼及心理创伤很大,许多好友、同事牺牲,工作也失去了。最后他决定移居到阳光明媚的佛罗里达州重新生活。

为了使他了解我们从事什么玩意儿,我对他解释,你想象你现在到了天堂,那里有奇怪的家庭结构:只有人、鸟、猫、狗 4 种家庭,每个家庭只有 3 个邻居:人只能和鸟、猫、狗为邻,猫只能和人、鸟、狗为邻,狗只能和人、鸟、猫为邻,同样鸟也是一样,邻居中没有鸟。

你看任何区域的有限数目的家庭都有这种现象,于是你的结论:在天堂里所有的任意大区域都是有这现象。

他说这不是很明显吗?我说是的:数学家就是这么无聊,从事把观察有限的情形推广到无穷的领域去。

到了大学就去数学系找林教授,请他帮助把昨天写的中文稿扫描成 PDF 文件电邮给朋友打字。

匆匆忙忙走回开会,路上接到太太打电话告知上星期医院检验我的血液报告,我的前列腺特异抗体(PSA)数值由去年的 4.4 升至 5.5,她已安排我去见医生复检,并要我不要太操劳多休息。

早上这里天气已转温和,走一小段路竟然汗流浃背;在大厅听温克勒(Peter Winkler)教授的演讲,背心粘在身上很不舒服,中途溜出去把湿背心脱下来。

听两个亚裔教授谈他们的工作,属于我创造出来的理论的延续,与其中一个韩国籍的指导教授聊,我说我们有一个共同的问题曾经一起研究,但没有完成,我快要退休,是否能在短短 3 个月把这问题重新考虑,给它一个完整的结果。我说我以后可能不会花太多时间在这方面工作了。

香港来的邵慰慈教授与他的学生,拿了一个橄榄球要我在上面签名,说这是我校的"理查德"的生日礼物。今天是他 40 岁的生日。"理查德"在读大学时做我的边优美树的猜想,后来获得博士,来我校教书,有几年消沉不研究,我劝他做我的图论标号的研究,在我影响之下"起死回生",现在积极从事研究。我的印象一直以为他是二三十岁的小伙子,没有想到已经四十了,真是岁月不饶人。

本来中午想留在会场与一位刚毕业的中国博士生讨论一些研究课题,不想去吃中饭。朋友建议为"理查德"庆祝生日,于是我和中国年轻数学家的讨论改到下午四点半之后,就和几位朋友去吃中餐。

下午听一个由苏联移居美国的犹太数学家讲关于拉姆赛(Ramsey)的一些事迹,他刚刚发表了一本花 18 年写的关于图论染色图历史的书,写得蛮好,由 Springer-Verlag 出版。在这次开

在中国餐馆为“理查德”庆生

会卖 Springer-Verlag 书的姑娘去年要跟我做研究，今年又遇见她，对她解释我创立的平衡图及谱系的理论，她在一天之内开始做一些研究，有一些结果很高兴，把这本书送我作礼物。

另外听一个韩国女青年做与我创立的“群魔图”有关的演讲，她原来是 JG 教授的博士生，JG 几年前和我讨论过一些问题，我现在忘记是什么，我对 JG 说如果找到以前的通信，我们应该可以完成一篇论文。

听完要听的演讲，准时和一位青年见面。他是从农村出来刚毕业，目前还留在原校工作。我叫他除了做以前的研究，应开始新的领域，尽量做一些不同的东西，这样以后找工作机会就大一些。

我叫他读我刚发表的论文，并给他一个课题，让他试试看。

晚上和罗丝等到一个中国餐馆吃经济饭面，买了“素面”带回旅馆给乔普拉教授，他因肚子问题晚上不能和我们吃饭。

我约罗丝回旅馆休息之后去餐厅讨论我们现在做的 Mod(2)、Mod(3)边魔图理论，结果在餐厅遇见孙述寰(Hugo Sun)教授以前的同事在准备明天的演讲。我告诉他我明天就走，不能听他的演讲，他好意把要讲的东西对我叙述。我建议可以做一些问题，他表示愿意和我合作，我说我只有 3 个月时间搞数学，以后会少做研究了。

罗丝没有来餐厅，我就打电话给她，结果是另外一个房客。我想她身体也不行，不要拖垮她，明天早上吃早餐再和她讨论。

已经是晚上12点，我也疲倦了，就回房睡觉。

写于2010年3月12—13日旅途中

参考文献

1. Adam J A. *Mathematics in Nature*: *Modeling Patterns in the Natural World*. Princeton: Princeton Univ Pr, 2003.
2. Chong P K. The life and work of Leonardo of Pisa. *Menemui Mat*, 1982, 4(2): 60 - 66.
3. Coxeter H S M. *Introduction to Geometry*. Hoboken: Wiley, 1961.
4. Donald T S. The Geometric Figure Relating the Golden Ratio and Phi. *Mathematics Teacher*, 1986,79: 340 - 341.
5. Herz-Fischler R. *A Mathematical History of the Golden Number*. New York: Dover,1998.
6. Le Lionnais F. *Les nombres remarquables*. Paris: Hermann,1983.
7. Livio M. *The Golden Ratio*: *The Story of Phi*, *The World's Most Astonishing Number*. New York: Broadway Books, 2002.
8. Posamentier A, Lehman I. *The (Fabulous) Fibonacci Numbers*. New York: Prometheus Books, 2007.
9. Robert L. *Scared goemetry*: *philosophy and practice*. New York: Thames and Hudson, 1989.
10. Vogel H. A better way to construct the sunflower head. *Mathematical Biosciences*, 1979,44(44): 179 - 189.
11. van Zanten A J. The Golden Ratio in the Arts of Painting, Building, and

Mathematics. *Nieuw Arch Wisk*, 1999,17: 229 - 245.

12. Walser H. *Der Goldene Schnitt*. Germany: Teubner, 1993.
13. 白寿彝. 中国通史(第48卷). 上海: 上海人民出版社.
14. 劳汉生,许康. 华罗庚“双法”推广: 中国管理科学化的一个里程碑. http://www.math.ac.cn/hua100/page_1099.htm.
15. 哈里·亨德森. 数学: 描绘自然与社会的有力模式. 王正科,等,译. 上海: 上海科学技术文献出版社,2011.
16. 张维. 熊庆来: 中国近代数学的创始者. 传记文学,2007(6).
17. 熊秉明. 熊秉明文集. 上海: 文汇出版社,2000.
18. 马春源. 中国近代数学先驱——熊庆来. 太原: 山西人民出版社,1980.
19. 张继. 熊庆来传. 昆明: 云南教育出版社,1992.
20. 熊有德. 我和爷爷熊庆来. 杭州: 浙江文艺出版社,2009. http://xianguo.com/book/detail/1009339.
21. 杨乐. 清华大学数学系的创建人——熊庆来. http://www.gmw.cn/content/2005-07/05/content_264257.htm.